SHUDIANXIANLU
"SANKUA"
GONGCHENG
JIANSHE GUANLI
—KUAYUETIELU
GONGLU
SHUDIANXIANLU

U0246709

输电线路
"三跨"工程建设管理
——跨越铁路　公路　输电线路

白林杰　主　编

中国电力出版社
CHINA ELECTRIC POWER PRESS

内 容 提 要

为有效加强输电线路"三跨"工程跨越施工安全风险管控水平，降低实施难度，积极应对输电线路"三跨"工程面临的新形势、新要求，本书以指导跨越工程施工管理为主线，固化了设计方案、手续办理、施工组织等全过程的流程和要求。

本书共分 5 章，第 1 章总述了"三跨"工程的背景、定义等，第 2 章介绍了"三跨"工程设计总体要求，第 3 章为"三跨"工程手续管理，第 4 章和第 5 章分别介绍典型设计方案和典型施工方案。

本书可供从事输电线路跨越铁路、公路、输电线路工程的业主、设计、施工单位的管理和技术人员参考使用。

图书在版编目（CIP）数据

输电线路"三跨"工程建设管理：跨越铁路、公路、输电线路／白林杰主编. 一北京：中国电力出版社，2017. 12（2018. 1 重印）
　ISBN 978-7-5198-1413-7

　Ⅰ. ①输… 　Ⅱ. ①白… 　Ⅲ. ①输电线路-工程管理 　Ⅳ. ①TM726

　中国版本图书馆 CIP 数据核字（2017）第 293577 号

出版发行：中国电力出版社
地　　　址：北京市东城区北京站西街 19 号（邮政编码 100005）
网　　　址：http：//www. cepp. sgcc. com. cn
责任编辑：高　芬（010-63412717）
责任校对：王小鹏
装帧设计：左　铭
责任印制：邹树群

印　　　刷：北京大学印刷厂
版　　　次：2017 年 12 月第一版
印　　　次：2018 年 1 月北京第二次印刷
开　　　本：710 毫米×980 毫米　16 开本
印　　　张：9. 25
字　　　数：119 千字
印　　　数：2001—4000 册
定　　　价：62. 00 元

编　委　会

前　言

　　随着我国经济社会高速发展，电网工程规模日益扩大，高电压、远距离输电线路日益增多。国家"十三五"规划明确提出：优化建设电网主网架和跨区域输电通道，建设水电基地和大型煤电基地外送电通道，在大气污染防治行动12条输电通道基础上，重点新建西南、西北、华北、东北等电力外送通道；加快推进高速铁路成网，完善国家高速公路网络。根据国家交通运输部预计，到2020年，中国铁路营业总里程将达到15万km（其中高速铁路3万km），高速公路通车里程将达到16.9万km。随着铁路、公路及输电线路网格化不断升级，各电压等级新建、改建输电线路与铁路、高速公路、运行输电线路的交叉跨越日渐频繁。

　　在输电线路建设管理过程中，由于各建设管理单位、设计单位、施工单位办理跨越手续差异性大、标准不统一、技术水平参差不齐，"三跨"工程（跨越铁路、高速公路、架空输电线路）已成为电网建设过程中主要的制约因素。

　　为有效加强电网工程跨越施工安全风险管控水平，降低实施难度，积极应对输电线路"三跨"工程面临的新形势、新要求，进而提升输电线路工程建设和被跨越设施安全运行的整体水平与效益，实现"三跨"工程管理标准化、规范化的目标，本书在总结和提炼"三跨"工程经验的基础上，对"三跨"工程核心要求进行了深入研究，提出了输电线路"三跨"工程管理理念，固化了设计方案、手续办理、施工组织等全过程的流程和要求，形成一整套涵盖各电压等级工程的管理手册，为输电线路"三跨"工程规范管理提供参考。

本书以指导输电线路"三跨"工程管理为主线，共分为5章，第1章总述了输电线路"三跨"工程相关概念及引用规程规范，第2章介绍了输电线路"三跨"工程设计总体要求，第3章介绍了输电线路"三跨"工程手续办理，第4章介绍了输电线路"三跨"工程典型设计方案，第5章介绍了输电线路"三跨"工程典型施工方案。

本书的编写得到了北京铁路局、河北省高速公路管理局、国网河北省电力公司相关领导的大力支持。在编写过程中，本书编写组进行了大量的调研和研讨，力求内容规范、实用，许多专家也给出了建设性的意见，在此表示衷心的感谢。

由于输电线路"三跨"工程管理要求不断提升，书中难免存在疏漏与不足之处，望读者给予批评指正。

编　者
2017.9

目　录

1

"三跨"工程概述

随着经济社会的高速发展，输电线路工程跨越铁路、高速公路和架空输电线路逐渐增多，相关设计及跨越施工要求更加严格。在此基础上，国家电网公司提出"三跨"概念，并结合铁路、高速公路相关规定进一步明确设计、施工要求。

1.1 产生背景及定义

目前电网建设全面提速，输电线路与铁路、高速公路交叉跨越日渐频繁，无论是电网建设施工的人身及安全风险，还是对铁路、高速公路构成的威胁，都将大大增加。近年来，为切实保障电网建设施工安全，同时保证铁路、高速公路及在运 110kV 及以上架空输电线路运行安全，国家铁路总公司、高速公路管理局及国家电网公司相继出台针对输电线路跨越铁路、高速公路和 110kV 及以上架空输电线路相关规程、规范及行业管理规定，明确设计原则、安全等级、跨（钻）越方式、交叉跨越距离、防舞动设计、警示标识等技术要求，从初步设计、手续办理及跨越施工方案等方面提出有关具体要求。

国家电网公司《架空输电线路"三跨"重大反事故措施（试行）》（国家电网运检〔2016〕413 号）首次提出"三跨"概念，指架空输电线路跨越高速铁路、高速公路和重要输电通道区段。综合考虑电网基建工程管理特点，本书对"三跨"范围进行扩大，包含电网基建工程跨越铁路、高速公路和 110kV 及以上架空输电线路。其中，铁路包含高速铁路、快速铁路、电气型普速铁路、燃气型普速铁路等；高速公路包含国家高速公路、地方高速公路；输电线路为输电走廊中有一回或多回 110kV 及以上的架空输电线路，线路输送容量大，长时间停电会影响到电网安全稳定运行、清洁能源消纳和重要电源送出，且通过调整运行方式难以转移负荷。

输电线路"三跨"工程应以提高施工本质安全为目标，严格执行国家、行业相关规程规范，结合铁路、高速公路及架空输电线路主管部门的实际要求，本着"精准管理、固化流程、统一标准"的原则，对"三跨"管理实施全过程管控。

1.2 相关规程、规范及行业管理规定

（1）《道路交通标志和标线》（GB 5768—2009）

（2）《铁路线路设计规范》（GB 50090—2006）

（3）《110～750kV 架空送电线路施工及验收规范》（GB 50233—2014）

（4）《110kV～750kV 架空输电线路设计规范》（GB 50545—2010）

（5）《±800kV 直流架空输电线路设计规范》（GB 50790—2013）

（6）《1000kV 架空输电线路设计规范》（GB 50665—2011）

（7）《超高压架空输电线路张力架线施工工艺导则》（SDJJS2—1987）

（8）《输电线路施工机具设计、试验基本要求》（DL/T 875—2004）

（9）《电力建设安全工作规程 第 2 部分：电力线路》（DL 5009.2—2013）

（10）《跨越电力线路架线施工规程》（DL/T 5106—1999）

（11）《110kV～750kV 架空电力线路工程施工质量及评定规程》（DL/T 5168—2016）

（12）《±800kV 架空输电线路张力架线施工工艺导则》（DL/T 5286—2013）

（13）《架空输电线路无跨越架不停电跨越架线施工工艺导则》（DL/T 5301—2013）

（14）《±800kV 及以下直流架空输电线路施工质量检验及评定规程》（DL/T 5236—2010）

（15）《重覆冰区架空输电线路设计技术规程》（DL/T 5440—2009）

（16）《铁路桥涵设计规范》（TB 10002—2017）

（17）《铁路电力设计规范》（TB 10008—2007）

（18）《铁路工程基本作业施工安全技术规程》（TB 10301—2009）

（19）《铁路通信、信号、电力、电力牵引供电工程施工安全技术规程》（TB 10306—2009）

（20）《高速铁路设计规范》（TB 10621—2014）

（21）《铁路技术管理规程》（TG/01—2014）

（22）《铁路技术管理规程（普速铁路部分）》（TG/01—2014）

（23）《公路工程技术标准》（JTG B01—2014）

（24）《公路路线设计规范》（JTG D20—2006）

（25）《公路养护安全作业规程》（JTG H030—2015）

（26）《公路养护技术规范》（JTG H10—2009）

（27）《公路工程名词术语》（JTJ 002—87）

（28）《涉路工程安全评价规范》（DB34/T 790—2015）

（29）《高速铁路桥涵工程施工技术规范》（Q/CR 9603—2015）

（30）《1000kV 架空输电线路张力架线施工工艺导则》（Q/GDW 154—2006）

（31）《1000kV 架空输电线路施工及验收规范》（Q/GDW 1153—2012）

（32）《1000kV 架空输电线路施工质量检验及评定规程》（Q/GDW 1163—2012）

（33）《±800kV 架空送电线路施工及验收规范》（Q/GDW 1225—2014）

（34）《架空输电线路防舞设计规范》（Q/GDW 1829—2012）

（35）《输电线路跨越（钻越）高速铁路设计技术导则》（Q/GDW 1949—2013）

（36）《中华人民共和国道路安全法》［中华人民共和国主席令（2003）第 8 号］

（37）《中华人民共和国道路交通安全法》中华人民共和国主席令第 47 号

（38）《中华人民共和国公路法》［中华人民共和国主席令（97）第 86 号］

（39）《公路安全保护条例》［中华人民共和国国务院令（2011）第 593 号］

（40）《河北省公路条例》（2010 年修正本）

（41）《河北省公路路政管理规定》（1997 年 12 月 30 日实施）

（42）《协调统一基建类和生产类标准差异条款》（国家电网科〔2011〕12 号）

（43）《国家电网公司输变电工程质量通病防治工作要求及技术措施》（基建质量〔2010〕19 号）

（44）《国家电网公司输电线路跨（钻）越高铁设计技术要求》（国家电网基建〔2012〕1049 号）

（45）《国家电网公司关于印发输电线路跨越重要输电通道建设管理规范（试行）等文件的通知》（国家电网基建〔2015〕756 号）

（46）《国网基建部关于发布输变电工程设计常见病案例清册的通知》（基建技术〔2016〕65 号）

（47）《国家电网公司十八项电网重大反事故措施（修订版）》（国家电网生〔2012〕352 号）

（48）《国家电网公司关于印发架空输电线路"三跨"重大反事故措施（试行）的通知》（国家电网运检〔2016〕413 号）

（49）《国家电网公司关于印发架空输电线路"三跨"运维管理补充规定的通知》（国家电网运检〔2016〕777 号）

（50）《国网交流部关于印发特高压交流线路工程跨越重要电力线路和重要铁路设计与施工指导意见（试行）的通知》（交流输电〔2016〕31 号）

（51）《国家电网公司基建安全管理规定》［国网（基建/2）173—2015］

（52）《国家电网公司输变电工程施工安全风险识别评估及控制措施管理办

法》［国网（基建/3）176—2015］

（53）《国家电网公司输变电工程安全文明施工标准化管理办法》［国网（基建/3）187—2015］

（54）《国家电网公司输变电工程验收管理办法》［国网（基建/3）188—2015］

（55）《国家电网公司输变电工程流动红旗竞赛管理办法》［国网（基建/3）189—2015］

（56）《国家电网公司安全生产反违章工作管理办法》［国网（安监/3）156—2014］

（57）《国家电网公司安全隐患排查治理管理办法》［国网（安监/3）481—2015］

（58）《上跨铁路结构物管理办法》（京铁师〔2017〕334号）

（59）《北京铁路局临时借地管理办法》（京铁房地〔2012〕69号）

（60）《北京铁路局路外工程建设管理办法》（京铁师〔2013〕731号）

（61）《中国铁路总公司运输局关于加强接触网上跨电线路管理的通知》（运供供电函〔2015〕382号）

（62）《营业线施工安全管理实施细则》（京铁师〔2016〕408号）

（63）《关于特高压交直流输电线路跨越铁路有关标准的函》（铁建设函〔2009〕327号）

（64）《中国铁路总公司办公厅关于±1100kV特高压直流输电线路跨越铁路有关标准的复函》（铁总办科技函〔2016〕165号）

1.3 专 有 名 词

高速铁路：新建铁路旅客列车设计最高行车速度达到250km/h及以上的

铁路。

铁路接触网：沿铁路线上空架设的向电力机车供电的特殊形式的输电线路。

回流线：在交流电气化铁路吸流变压器供电方式中串接在吸流变压器次边的导线。

电力贯通线（自闭线）：用来直接为铁路各车站电气集中设备及区间自闭信号点提供可靠、不间断电源的线路。用于铁路信号、通信及其他铁路综合用电的电力系统线路，一般距离铁路100m以内，引于公共电网或公共电网以外的发电厂、变电站及输配电线路，是铁路沿线连通两相邻变电站、配电所的主要对沿线铁路用电负荷供电的10kV或35kV电力线路。

锚段：接触网分成若干一定长度且机械、电气上相互独立的分段。

锚段关节：两个相邻锚段的衔接区段（重叠部分）。

电分相：为了满足接触网不同相供电而在两相交接处设立的分相隔离装置。

电分段：在纵向或横向将接触网从电气连接上分开的装置，常用锚段关节和分段绝缘器来实现。

铁路里程：铁路竣工后用里程表示，通常表示为K##+##。

铁路防护网：限制岩石土体的风化剥落或防止动物和人进入的设备。

天窗：列车运行图中不铺画列车运行线或调整、抽减列车运行线为施工和维修作业预留的时间，按用途分为施工天窗和维修天窗。

高速公路：具有四个或四个以上车道，并设有中央分隔带，全部立体交叉并具有完善的交通安全设施及管理设施、服务设施，全部控制出入，专供汽车高速行驶的公路。

国家高速公路：中国国家高速公路是国道网的重要组成部分，路线字母采用拼音"G"表示，中国国家高速公路网主线编号，由中国国家高速公路标识符"G"加 1 位或 2 位数字顺序号组成，编号结构为"G#"和"G##"。

分隔带：沿公路纵向设置的分隔行车道的带状设施。

匝道：互通式立体上下各层公路之间供转弯车辆行驶的连接道。

隔离栅：防止人和动物随意进入或横穿高速公路，防止他人非法占用公路用地，是保障行车安全、维护路产路权的重要设施。

2

"三跨"工程设计总体要求

根据国家电网公司相关文件对"三跨"工程的要求、设计规范、施工规范等内容，电网调度、铁路、高速公路等行业对于"三跨"工程设计方面的要求如下：

（1）"三跨"工程应采用"独立耐张段"，优先采用"耐—直—直—耐"，跨越耐张段长度一般不宜大于3.0km。当采用无跨越架不停电跨越架线施工时，应尽量缩小跨越档距，跨越档距可按不大于300m控制。在1级及以上舞动区，跨越塔不宜采用耐张塔。对于跨越高铁隧道等非直接跨越的输电线路，按常规线路设计。

（2）杆塔结构重要性系数不应低于1.1。

（3）110（66）～750kV输电线路重现期应取50年。

（4）尽量避免大高差和大档距情况，跨越档两侧档距之比不宜超过2：1。

（5）与铁路交叉角度不应小于45°且不应在铁路车站出站信号机以内跨越，与高速交叉角度不应小于45°，与重要电力线路交叉角度不应小于45°。

（6）导线最大设计验算覆冰厚度增加10mm，地线设计验算覆冰厚度增加15mm。

（7）导线弧垂应按照70℃计算。

（8）不应采用ADSS光缆（全介质自承式光缆），地线宜采用铝包钢绞线，光缆宜选用全铝包钢结构的OPGW光缆（光纤复合架空地线）。

（9）耐张段内导地线不允许有接头。

（10）悬垂串应采用独立双挂点设计（独立双挂点"Ⅰ"串或"Ⅴ"串），耐张串应采用双联及以上结构形式，单串强度应满足受力要求；15mm及以上冰区或山区，悬垂串不应使用上扛式线夹，防振锤的线夹宜采用预绞式线夹。

（11）导线金具应确保可靠连接，导线间隔棒安装位置宜避开高速铁路轨面区域正上方。

（12）D级以上污区不宜采用三伞及钟罩绝缘子。

（13）靠近高速铁路的跨越杆塔接地装置，宜向远离高速铁路的方向敷设，地线宜采用逐塔接地方式，地线应使用双联绝缘子串。

（14）线路位于2级、3级舞动区时，宜提高一个设计等级。

（15）"三跨"工程档内避免安装相间间隔棒、动力减震器等防舞装置。

（16）在3级舞动区，500kV及以上线路重要交叉跨越段耐张塔宜选用钢管塔。

（17）跨越线路的特高压输电线路零部件要考虑防脱落措施。

（18）跨越塔处应设置警示牌，警示牌应标明相对轨顶的设施限高等信息。相对轨顶的设施限高值采用表2-1中相应数值。

表 2-1   相对轨顶等设施的限高值

标称电压（kV）	最小垂直距离（m）		最小水平距离（m）	交叉角度
	至轨顶	至承力索、接触线或架桥机顶	杆塔外缘至轨道中心	
66		3.0	塔高加3.1m，无法满足要求时可适当减小，但不得小于30m	一般情况下不得小于30°，困难情况下协商确定
110	11.5	3.0		
220	12.5	4.0		
330	13.5	5.0		
500	16	6.0		
750	21.5	7.0（10）		
1000	单 27	单 10（16）	最高杆（塔）高加3.1m，无法满足要求时可适当减小，但不得小于40m	一般情况下不得小于45°，困难情况下协商确定
	双（逆相序）25	双（逆相序）10（14）		
±500	16	7.6（8.5）		
±660	18	单 10（12.5）		
		双 10.5（12.5）		
±800	21.5	15		

注：1. 仅在输电线路与高铁双方同期建设或拟建高铁有明确线位时，方考虑架桥机施工作业的安全距离要求。±800kV输电线路跨越拟建铁路桥梁地段，考虑架桥机施工作业的安全距离要求时，导线距轨顶的最小垂直距离不应小于24m。

2. 括号内数值用于跨越杆顶。

3. 导线距架桥机顶的最小距离按跨线考虑，不取括号中数值，且要求架桥机施工作业时，其顶端不得站人。

4. 跨越铁路时，交叉角不宜小于45°，但不应小于30°，且不宜在铁路车站出站信号机以内跨越。

2.1 跨 越 铁 路

跨越铁路时总体要求包括：

（1）跨越方式。独立耐张段应根据地形、地物等条件合理确定跨越方案，可采用"耐—直—直—耐""耐—直—耐""耐—直—直—直—耐"或"耐—耐"方案，且直线塔不应超过 3 基。

（2）设计覆冰厚度。导线设计验算覆冰厚度增加 10mm，地线设计验算覆冰厚度增加 15mm。

（3）跨越铁路时，导线对轨顶的垂直距离。导线最大弧垂温度取值为 +70℃，导线对铁路的距离要求应不小于表 2-2 中各电压等级所规定距离。

表 2-2 导线对铁路的规定距离

标称电压（kV）	最小垂直距离（m）		最小水平距离（m）	交叉角度
	至轨顶	至承力索、接触线或架桥机顶	杆塔外缘至轨道中心	
66		3.0	塔高加 3.1m，无法满足要求时可适当减小，但不得小于 30m	一般情况下不得小于 30°，困难情况下协商确定
110	11.5	3.0		
220	12.5	4.0		
330	13.5	5.0		
500	16	6.0		
750	21.5	7.0（10）		
1000	单 27	单 10（16）	最高杆（塔）高加 3.1m，无法满足要求时可适当减小，但不得小于 40m	一般情况下不得小于 45°，困难情况下协商确定
	双（逆相序）25	双（逆相序）10（14）		
±500	16	7.6（8.5）		
±660	18	单 10（12.5）		
		双 10.5（12.5）		
±800	21.5	15		

（4）跨越地面铁路时，杆塔外缘至临近轨道中心最小垂直水平距离不应小于塔高加 3.1m。无法满足要求时可适当减小，但不得小于 30m。

（5）基本风速、基本覆冰重现期应按 50 年或 100 年一遇设计。

（6）杆塔结构重要性系数应取 1.1。

（7）跨越时，输电线路与铁路交叉角不应小于 45°。困难情况下协商确定，但不得小于 30°。

（8）跨越段绝缘子串采用双挂点、双联"Ⅰ"串或"Ⅴ"串型式。

（9）铁路车站出站信号机、接触网电分相以内原则上不允许电力线路跨越；区间信号机、接触网分段处不宜电力线路跨越。

2.2 跨越高速公路

跨越高速公路时总体要求包括：

（1）跨越方式。独立耐张段应根据地形、地物等条件合理确定跨越方案，可采用"耐—直—直—耐""耐—直—耐""耐—直—直—直—耐"或"耐—耐"方案，且直线塔不应超过 3 基。

（2）跨越高速公路时，导线最大弧垂温度取值为+70℃，导线对高速公路的距离要求应不小于表 2-3 中各电压等级所规定距离。

表 2-3 导线对高速公路的规定距离 （m）

	线路电压（kV）	至 路 面
最小垂直距离	66～110	7.0
	154～220	8.0
	330	9.0
	500	14.0
	750	19.5

续表

最小水平距离	线路电压（kV）	杆塔外缘到路基边缘	
		开阔区	路径限制地区
	66～220	5.0	
	330	6.0	
	500	8.0（15.0）	
	750	10.0（20.0）	
邻档断线时的最小垂直距离	线路电压 kV	至路面	
	110	6.0	

注：1. 对于一级公路，导线或避雷线在跨越档不得接头。

2. 三、四级公路可不检验邻档断线。

3. 括号内为高速公路数值，高速公路路基边缘是指公路下缘的排水沟。

（3）跨越高速公路时，杆塔外缘至高速公路边沟栅栏不应小于30m，无法满足时需征得相关公路管理部门书面同意。

（4）杆塔结构重要性系数应取1.1。

（5）跨越时，输电线路与高速公路交叉角不应小于45°。

（6）跨越段绝缘子串采用双挂点、双联"I"串或"V"串型式。

（7）跨越档内导地线不允许接头。

2.3 跨越110kV及以上架空输电线路

2.3.1 设计通用要求

跨越110kV及以上架空输电线路的设计通用要求如下：

（1）输电线路跨越其他电力线路时，导线对被跨电力线路的距离要求见表2-4。

表 2-4　　　　　　　　　　导线对被跨电力线路的规定距离　　　　　　　　（m）

	线路电压（kV）	至被跨越物	
最小垂直距离	110	3	
	220	4	
	330	5	
	500	6.0（8.5）	
	750	7（12）	
	1000	10（16）	
	线路电压（kV）	杆塔外缘到路基边缘	
		开阔区	路径限制地区
最小水平距离	110	平行时：最高杆（塔）高	5
	220		7
	330		9
	500		13
	750		16
	1000		杆塔同步排列取 20；杆塔交错排列最大风偏时取 13

注：1. 导线或避雷线在跨越档时，110kV 及以上线路不得接头，110kV 以下线路不限制。

2. 电压较高的线路一般架设在电压较低线路的上方。同一等级电压的电网公用线应架设在专用线上方。

3. 括号内的数值用于跨越杆（塔）顶。

（2）跨越重要电力线路时，不宜在杆塔顶部跨越，宜采用独立耐张段，独立耐张段的长度不宜大于 3.0km。

（3）跨越重要电力线路施工应编制专项施工方案，并经过评审方可实施；跨越在运线路施工时应加强现场安全管控，提高领导到岗到位等级。

（4）施工单位应在跨越 1 个月前向运行单位报送具体跨越位置，跨越档线路各项参数。

（5）造成被跨越线路停电构成五级电网事件风险的建议电缆过渡，造成被跨越线路停电构成六级及以上电网事件风险的可以跨越，要有确保线路安全运行的技术措施。

（6）新建重要输电线路通道尽量避开 500kV 及 220kV 变电站（包括规划变电站）进出线通道，但需接入该 500kV 变电站和 220kV 变电站的输电线路除外。

（7）新建线路需电缆钻过重要输电线路通道，且路径单一，未来新建线路也将从该处通过时，建议土建工程按照终期一次建成，并按照终期规模形式选择电力通道建设型式。

（8）电网网架规划方案比选时，应将跨越重要电力线路作为规划方案的比选因素之一，在技术经济基本对等的情况下，优先考虑不跨越重要电力线路的网络方案。

（9）新建变电站接入方案规划时，尽量避免所有架空出线与重要电力线路的交叉跨越，特别是避免不同电压等级线路与重要电力线路的重复跨越。

（10）尽量减少和避免输电线路之间的相互交叉。新建变电站站址选择和确定配电装置布置方案时，深入优化各电压等级线路的出线方向和排列顺序，从出线规划布局上避免和减少线路之间的交叉。对将来可能有线路交叉跨越的，结合远期规划，提前预留跨越点位置。低电压等级的线路在满足规程规定的前提下，对地距离应尽量低，以便于高电压等级线路跨越；高电压等级线路预留尽量高的对地距离，以便于低电压线路钻越。对必须交叉跨越线路的，采取一档跨越一条线路的方式，尽量避免一档多跨。

2.3.2 跨越 500kV 输电线路设计专项要求

输电线路跨越 500kV 及以上输电线路时，宜按照《国家电网公司输电线路跨越重要电力线路设计内容深度规定》执行，要求如下：

（1）结合线路路径、地形地貌特点、施工方式等，合理选择跨越位置，宜避免塔顶跨越。

（2）当连续跨越多条并行线路时，条件允许时，宜在并行线路之间合理选择跨越点，设置耐张塔（或直线塔），减少同一档内跨越线路的条数。

（3）综合考虑牵张场设置，为缩短跨越施工时间，跨越500kV线路时宜采用独立耐张段跨越，独立耐张段应根据地形、地物等条件合理确定跨越方案，可采用"耐—直—直—耐"、"耐—直—耐"、"耐—直—直—直—耐"方案，且直线塔不应超过3基，跨越耐张段长度一般不宜大于3.0km，条件允许时尽可能缩短。

（4）线路与500kV电力线路交叉角不宜小于45°，对受限地段无法满足时应尽量缩小跨越档距。

（5）当采用无跨越架不停电跨越架线施工时，应尽量缩小跨越档距，跨越档距可按不大于300m控制。当无法满足时，可考虑利用靠近被跨线路的一基跨越塔支撑跨越网等，实现不停电跨越。

（6）跨越杆塔与对被跨线路边导线除满足规范规定的安全距离外，还应考虑基础开挖、铁塔组立、横担吊装等施工安全距离。条件允许时跨越塔位距离被跨线路边导线的最小水平距离不小于跨越塔高度。

（7）跨越档内导、地线不应有接头。

（8）地线采用OPGW光缆时宜选用全铝包钢型。

（9）跨越档内绝缘子串宜采用独立双挂点、双联"Ⅰ"型或双"Ⅴ"型串，"Ⅴ"型串金具应采用防脱落销子，优先采L型销子。

（10）与横担连接的第一个金具应转动灵活且受力合理，其强度应高于串内其他金具强度。

（11）跨越位置处于风振严重区域的导地线线夹、防振锤和隔棒应选用加强型金具或预绞式金具。

（12）舞动地区的防舞装置与导线应有可靠连接，安装位置尽量避开被跨线路的正上方。

（13）跨越塔设置辅助横担或独立辅助塔均施工时，宜采用跨越塔设置辅助横担方案。

（14）跨越塔（含辅助横担）、独立辅助塔应满足线路跨越施工荷载要求。

（15）跨越塔辅助横担的位置应满足施工安足封顶网的遮护宽度要求，且宜设置在铁塔节留安装孔。

（16）跨越耐张段的铁塔不应采用拉线塔。

（17）被跨线路的地线高度宜按最小弧垂工况计算，一般选用最低温工况。

（18）当采用无跨越架不停电跨越架线施工时，导线放线弧垂与被跨线路地线的距离不宜小于表 2-5 中所列数值。

表 2-5　　　　　　　　导线放线弧垂与被跨线路地线的距离　　　　　　　　（m）

项　　目	被跨越线路电压等级（kV）		
	330	500	750（±500）
绝缘网与被跨越线路地线垂直距离	2.6	3.6	5.5
放线弧垂与绝缘网垂直距离 *	3.0		
综合裕度 *	2.0		
最小垂直距离	7.6	8.6	10.5

注：表中的绝缘绳网与被跨线路地线垂直净空距离取值依据为 DL/T 5301—2013《架空输电线路无跨越架不停电跨越架线施工工艺导则》。被跨特高压线路最小垂直距离应结合实际情况研究确定，但不小于 10.5m。

* 放线弧垂与绝缘网垂直距离和综合裕度为施工经验值；放线弧垂的计算张力取导线最大使用张力的 1/8，并考虑温度影响。

2.3.3　跨越 220kV 和 110kV 输电线路设计专项要求

输电线路跨越 220kV 和 110kV 线路时，参照《国家电网公司输电线路跨越重要电力线路设计内容深度规定》执行，具体要求如下：

（1）结合线路路径、地形地貌特点、施工方式等，合理选择跨越位置，宜避免塔顶跨越。

（2）当连续跨越多条并行线路时，条件允许时，宜在并行线路之间合理选择跨越点，设置耐张塔（或直线塔），减少同一档内跨越线路的条数。

（3）综合考虑牵张场设置，为缩短跨越施工时间，跨越耐张段长度一般不宜大于3.0km，条件允许时尽可能缩短。

（4）线路与220kV和110kV电力线路交叉角不宜小于15°，对受限地段无法满足时应尽量缩小跨越档距。

（5）当采用无跨越架不停电跨越架线施工时，应尽量缩小跨越档距，跨越档距可按不大于400m控制。当无法满足时，可考虑利用靠近被跨线路的一基跨越塔支撑跨越网等，实现不停电跨越。

（6）跨越杆塔与对被跨线路边导线除满足规范规定的安全距离外，还应考虑基础开挖、铁塔组立、横担吊装等施工安全距离。

（7）跨越档内导地线不应有接头。

（8）地线采用OPGW光缆时宜选用全铝包钢型。

（9）跨越档内绝缘子串宜采用独立双挂点、双联"Ⅰ"型或双"V"型串，"V"型串金具应采用防脱落销子，优先采L型销子。

（10）与横担连接的第一个金具应转动灵活且受力合理，其强度应高于串内其他金具强度。

（11）跨越位置处于风振严重区域的导地线线夹、防振锤和隔棒应选用加强型金具或预绞式金具。

（12）舞动地区的防舞装置与导线应有可靠连接，安装位置尽量避开被跨线路的正上方。

（13）跨越塔设置辅助横担或独立辅助塔均施工时，宜采用跨越塔设置辅助横担方案。

（14）跨越塔（含辅助横担）、独立辅助塔应满足线路跨越施工荷载要求。

（15）跨越塔辅助横担的位置应满足施工安足封顶网的遮护宽度要求，且宜设置在铁塔节留安装孔。

（16）跨越耐张段的铁塔不应采用拉线塔。

（17）被跨线路的地线高度宜按最小弧垂工况计算，一般宜选用最低温工况。

2.3.4　跨越重要用户输电线路设计专项要求

输电线路跨越重要用户线路（电压等级 110kV 及以上）线路时，参照国家电网公司输电线路跨越重要电力线路设计内容深度规定执行，具体要求如下：

（1）重要用户线路是指铁路、医院、钢厂、电厂等重要用户的线路工程。

（2）结合线路路径、地形地貌特点、施工方式等，合理选择跨越位置，宜避免塔顶跨越。

（3）当连续跨越 2 条重要用户线路时，宜在 2 条线路之间设置耐张塔，减少同一档内跨越线路的条数。

（4）线路与重要用户电力线路交叉角不宜小于 15°，对受限地段无法满足时应尽量缩小跨越档距。

（5）当采用无跨越架不停电跨越架线施工时，应尽量缩小跨越档距，跨越档距可按不大于 400m 控制。当无法满足时，可考虑利用靠近被跨线路的一基跨越塔支撑跨越网等，实现不停电跨越。

（6）跨越杆塔与对被跨线路边导线除满足规范规定的安全距离外，还应考虑基础开挖、铁塔组立、横担吊装等施工安全距离。

（7）跨越档内导地线不应有接头。

（8）地线采用 OPGW 光缆时宜选用全铝包钢型。

（9）跨越档内绝缘子串宜采用独立双挂点、双联"Ⅰ"型或双"Ⅴ"型串，"Ⅴ"型串金具应采用防脱落销子，优先采 L 型销子。

（10）与横担连接的第一个金具应转动灵活且受力合理，其强度应高于串内其他金具强度。

（11）跨越位置处于风振严重区域的导地线线夹、防振锤和隔棒应选用加强型金具或预绞式金具。

（12）舞动地区的防舞装置与导线应有可靠连接，安装位置尽量避开被跨线路的正上方。

（13）跨越塔设置辅助横担或独立辅助塔均施工时，宜采用跨越塔设置辅助横担方案。

（14）跨越塔（含辅助横担）、独立辅助塔应满足线路跨越施工荷载要求。

（15）跨越塔辅助横担的位置应满足施工安足封顶网的遮护宽度要求，且宜设置在铁塔节留安装孔。

（16）跨越耐张段的铁塔不应采用拉线塔。

（17）被跨线路的地线高度宜按最小弧垂工况计算，一般选用最低温工况。

3

"三跨"工程手续管理

3.1 跨 越 铁 路

跨越铁路手续办理流程如图 3-1 所示。

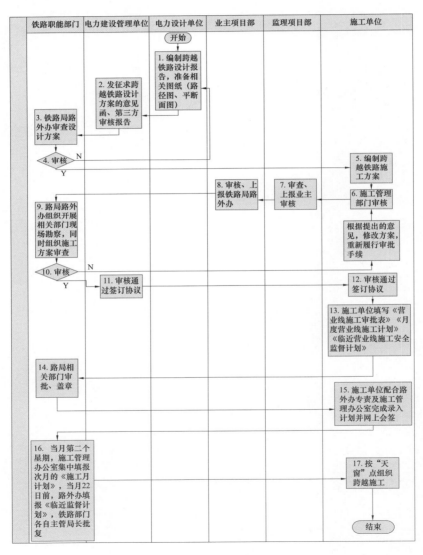

图 3-1 跨越铁路手续办理流程图

相关机构介绍如下：

铁路主管部门：中国铁路总公司下辖各铁路局及铁路投资公司。

铁路局总工室：归口管理路外工程建设的配合协调工作，组织有关单位专家共同负责审查接轨、跨越、施工方案和设计文件、组织施工审批、竣工验收；协调相关单位配合建设单位完成工程建设，确保铁路运输安全。

路外工程管理协调办公室（简称路外办）：具体负责审批管线过轨跨越的申请及施工计划布置，根据跨越涉及单位确定组织配合单位，包括供电处、工务处、通信段、供电段、工务段、车务段、铁路公安、高铁公司、高铁维管段等。

工务处：路局工务处是路局实行工务系统专业管理的主管部门。工务处对本系统实施专业管理。负责线桥设备技术管理，负责对路内外工程（设施）穿（跨）越铁路线路、桥梁的管理和审批。

供电处：承担铁路局牵引供电、变配电、电力、给水等业务，牵引供电系统为高铁工务、通信、车体、牵引供电四大系统之一。管理、指导各供电段的基层站段。

电务处：承担铁路局地区所涉及的信号管理等业务，管理、指导各电务段的基层站段。

施工管理办公室：施工管理牵头部门，统筹协调施工与运输的需求，协调工务、供电、电务等各部门完成施工、整治和集中修任务。

工务段：铁路各站段的铁轨、路基等设备具体管理单位。

供电段：铁路各站段的电力线、接触网等具体设备管理单位。

车务段：铁路各站段的车站、车辆等设备具体管理单位。

电务段：负责管理和维护列车在运行途中的所涉及的地面信号与机车信号及道岔正常工作。

通信段：负责铁路上的通信信号工作，实现行车和机车车辆作业的统一信

25

号调度与指挥。

铁路公安：隶属于铁路公安局，但是经国务院授权由铁路总公司管理的机构，负责保护铁路线路及运行车辆的安全。

高铁公司：高铁形式较为特殊，产权归高铁公司所有，运行管理归铁路局单位负责，当跨越高铁线路时同时需征得高铁公司所属运行管理铁路局同意。

高铁维管段：隶属于中铁电气化局集团有限公司，负责维护高速铁路的运行，只有高铁才采用这种维护形式。

3.1.1 资料准备

1. 业主单位准备资料

（1）提出跨越铁路征求意见函。

（2）铁路局跨越铁路复函。

（3）业主与供电段签订贯通、自闭线、接触网《安全运行协议》《预绞丝补偿协议》，与工务段签订《临时借地协议》。

（4）业主向铁路局提供第三方审核报告（业主根据设计技术报告和图纸委托的第三方评估单位进行审核出具的审核报告）。

2. 设计单位准备资料

（1）跨越铁路技术报告。

（2）相关图纸（跨越铁路路径图、跨越铁路分图、跨越铁路平面示意图、跨越铁路铁塔和基础图）。

3. 施工单位准备资料

（1）施工单位资质复印件，包括经年检有效的企业营业执照、企业资质等级证书、承装（修、试）电力设施许可证、安全生产许可证、法人身份证复印件。

（2）施工单位与铁路局供电段、工务段分别签订《施工安全协议》《施工配合监护协议》，并出具《施工安全监控方案》，与铁路局车务段（车站）签订《施工安全协议》，与铁路局监理单位签订《建设工程委托项目管理合同》。

（3）施工单位填写铁路局营业线施工审批表。

（4）施工单位填写临近营业线××月份监督施工计划申请表和临近营业线施工安全监督计划表。

（5）施工单位在"天窗"点跨越施工前3个工作日，向铁路站段车间（主要为工务段及供电段）送达《施工配合通知单》。

3.1.2 手续办理

1. 施工前期

（1）跨越铁路手续的办理单位（简称办理单位）应向路外办提供企业资质类文件、开工许可、人员资质等文件。建设单位向铁路局提供跨越征求意见函（见 A.1）。

（2）施工项目部编制跨越铁路施工方案后，经施工管理部门审核、监理审查、业主项目部批准（如属于超过一定规模的方案，应由施工单位组织专家论证），报铁路管理部门审核，并督促铁路主管部门路外工程管理协调办公室（简称路外办）尽快组织方案审查会。

（3）业主、施工单位应积极配合铁路主管部门路外办开展现场勘察。铁路主管部门路外办以通知到场单位为准［主要包括工务处、供电处、电务处（必要时）、施工管理办公室、工务段、供电段、车务段（车站）、通信段（必要时）、电务段（必要时）、公安段及铁路监理等相关科室参加现场查活］。

（4）铁路主管部门路外办组织现场勘察后，审核跨越方案，召开跨越施工方案审核会，以通知到场单位为准［主要包括建设管理单位、设计单位、施工单位、监理单位、铁路管理部门的工务处、供电处、电务处（必要时）、施工管理办公室、工务段、供电段、车务段（车站）、通信段（必要时）、电务段（必要时）、高铁维管段及铁路监理等参加审核会，确定跨越架封网"天窗"时间]。

（5）施工单位根据铁路管理部门提出的意见修正方案后，应重新履行审批和审核手续。跨越施工方案最终获得审核通过后，铁路主管部门路外办向业主单位出具复函或会议纪要。

（6）跨越施工方案审核通过后，业主与供电段技术科签订《安全运行协议》《预绞丝补偿协议》，与工务段签订《临时借地协议》。施工单位凭签字确认的施工方案（或会议纪要）与铁路局供电段、工务段分别签订《施工安全协议》（见 A.5）、《施工配合监护协议》（见 A.6）并出具《施工安全监控方案》（见 A.7），与车务段（车站）签订《施工安全协议》（见 A.8），铁路监理单位签订《建设工程委托项目管理合同》（见 A.9）。

（7）以上协议签订完毕后，施工单位填写《营业线施工审批表》（简称《审批表》）（见 A.10）、《月度营业线施工计划》（以后简称《施工月计划》）（见 A.11）和《临近营业线施工安全监督计划》（以后简称《临近监督计划》）（见 A.12）办理审批手续。[工务处、供电处、电务处（必要时）、工务段、供电段、车务段（车站）、通信段（必要时）、电务段（必要时）、高铁维管段、铁路监理]

（8）《审批表》《施工月计划》和《临近监督计划》办理完毕后，施工单位向路外办提交签完字的《审批表》《施工月计划》和《临近监督计划》，并配合路外办专责办理施工《临近监督计划》录入手续并督促各站段网上会签，配合施工管理办公室录入《施工月计划》并督促各站段网上会签。

（9）当月第二个星期，施工管理办公室集中填报次月的《施工月计划》，当月 22 日前，路外办填报《临近监督计划》，铁路部门各自主管局长分别对

《施工月计划》和《临近监督计划》批复。施工单位应积极联系路外办,关注施工计划批复情况。

2. 施工阶段

(1)跨越施工时,施工单位应遵守铁路部门相关文件。

(2)跨越架搭设前,施工单位应向铁路监理提出跨越施工申请,铁路监理组织铁路相关站段负责人及施工单位召开"点前会"。

(3)施工单位提前3个工作日向铁路站段车间(主要为工务段及供电段)送达《施工配合通知单》(见 A.13)。

(4)施工单位按照经批准的《临近监督计划》《月施工计划》,组织人员、机具,在指定地点开展跨越施工,铁路监护人员不到位,严禁施工作业。

(5)驻站员(驻调员)要凭证上岗,按时到位 [驻站员(驻调员)由施工单位人员担任,经铁路局教育培训合格并取证]。

(6)施工单位提前3个工作日报日计划。

3. 施工计划

(1)月计划报送。

1)网上流程:施工单位填写→工务段、供电段、车站审批→局工务处、供电处审批→局路外办审批→局施工管理办公室审批。

2)上报地点:铁路局指定地点,时间为每月第二周(7~13 日)录入下月施工计划(节假日休息)。

3)补录地点:各站段、路局,时间为每月23日关闭上报月计划系统。

4)路局下发月计划:每月27日(各站段查询)。

(2)日计划报送。

1)网上流程:施工单位→铁路监理→局路外办→局调度施工台。

2)上报地点:有铁路施工计划系统(铁路运输调度管理系统 TDMS)的站段或车间,时间为提前3个工作日。

3）注意事项包括：

a. 由于施工单位驻调员与铁路部门沟通不及时，可能会造成日计划不能通过。驻调员需在上报日计划第二天 9 时前到达上报地点，盯控日计划是否批准，如有"施工台预批通过"字样，说明日计划上报成功。否则需立即询问铁路部门未通过原因，索要临时账户立刻再报，避免影响正常施工。

b. 驻调员需带齐所有施工审批手续和协议（复印件）、打印填报的日计划，需在上报日计划第三天 9 时参加施工台组织的会议，议定日计划的批复事宜。

c. 驻调员在上报日计划第四天 0 时赶到局调度大厅签到并协助局调度、供电段驻调等人员下发施工命令，结束后及时销令。

d. 如日计划已批复，施工不能进行，一定要及时销令，否则会影响以后几天的施工作业。

e. 施工结束要及时通知铁路部门取消后面的日计划。

3.2　跨越高速公路

跨越高速公路手续办理流程如图 3-2 所示。

相关机构介绍如下：

高速公路管理局（简称高管局）：为适应高速公路快速发展和网络化需要，经各省政府批准，组建的负责省属高速公路的建设、管理工作的事业单位。

交通投资集团公司（简称交投集团）：各省政府授权投资机构，由省交通运输厅代表省政府履行出资人职责，并依法履行行业监管。主要负责当地省网高速公路项目的筹资、建设、运营和管理，负责所属高速公路的养护、通行费征收、服务设施管理、科技研发及职能交通建设，负责完成省政府和省交通运输厅交给的其他工作。

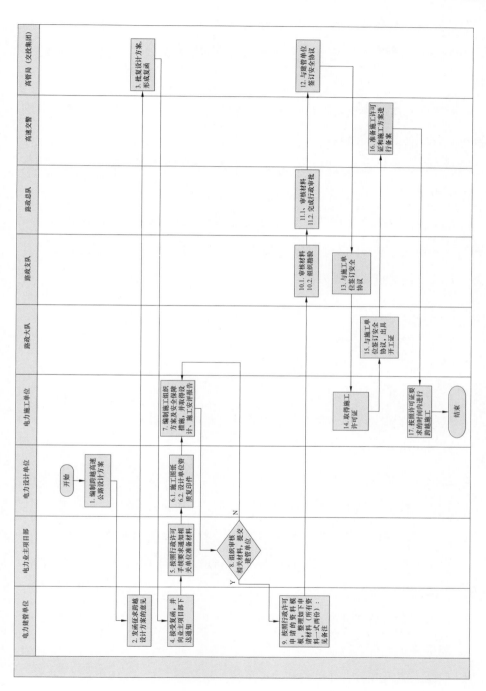

图 3-2　跨越高速公路手续办证流程图

路政总队：具体负责行使所辖高速公路 3 项行政许可事项的审核权，具体负责 10 项行政处罚权和 3 项行政强制权中的重大处罚、重大强制的审查权。

路政支队：所属高速公路路政支队是高管局路政总队下设执法机构，分别负责所管辖高速公路的路政执法工作。

路政大队：保护高速公路路产，维护路权，维持收费站、服务区的经营秩序，保障权益。

高速交警：专职负责管理高速公路通行秩序、在高速公路进行执法执勤、勘察高速公路交通事故的交通警察。高速公路交通警察是人民警察的一个业务警种，是公安机关重要组成力量。

3.2.1　资料准备

1. 业主单位提供资料

（1）路径征求意见函。

（2）行政许可申请书。需加盖建设单位公章（见 A.14）。

（3）工程核准批复文件。

（4）高速公路管理局关于××工程路径及设计方案的复函（见 A.15）。

（5）业主授权委托书。需建设单位法人签字并加盖公章（见 A.16）。

（6）代理人身份证复印件。需加盖公章、身份证需本人签字。

（7）业主单位营业执照复印件。提交资料应在有效期内，并且年检完整，加盖公章。

（8）承诺书（见 A.17）。

2. 施工单位提供资料

（1）施工图纸。需设计单位和建设单位加盖公章。

（2）施工组织方案及安全保障措施。需施工单位和建设单位加盖公章，编制、审核、批准签字齐全，施工组织方案中应明确的注明现场施工安全负责人的联系方式以及施工时间。

（3）施工单位营业执照复印件。需加盖公章。

（4）资质证书复印件。需加盖公章。

（5）安全生产许可证复印件。需加盖公章。

（6）法定代表人身份证复印件。需加盖公章，身份证需本人签字。

（7）安全技术评价报告。高速公路管理局要求质量安全技术评价报告应用手签的形式注明编制人、审核人、批准人等人员信息并提供资格证，如工程师证需作出评价的单位附上资质证书（公路甲级资质）加盖公章，个别地市交通局道路指定安评单位（见 A.18）。

3.设计单位提供资料

（1）设计单位资质复印件。需加盖公章。

（2）跨越高速公路设计方案专题报告及附图。

3.2.2 手续办理

（1）设计单位编制跨越高速公路设计方案，上报业主项目部，业主项目部负责完成对设计方案的审核后，书面报至建管单位。

（2）建管单位发函征求高速部门关于跨越设计方案的意见。

（3）省高管局（交投集团）完成对跨越设计方案的批复，建管单位接收复函，并向业主项目部下达行政许可办理手续的通知。

（4）业主项目部按照行政许可手续要求，完成施工图纸的收集，组织施工单位完成施工组织方案的编制并取得有资质的交通设计院出具的质量与安全技术评价，完成施工图纸及施工组织方案的审查，审核无误后，加盖业主项目部印章报送至建管单位。

（5）建管单位按照行政许可申请的要求，整理如下申请材料（所有资料一式两份）：

1）行政许可申请书；

2）建设单位营业执照复印件；

3）设计协议；

4）施工单位营业执照、资质证书、安全生产许可证、法人身份证复印件；

5）授权委托书、代理人身份证；

6）施工图纸、施工组织方案及安全保障措施；

7）质量与安全技术评价报告。

（6）建管单位将材料提交到被跨越高速的路政支队，支队进行材料审核提交路政总队，并组织人员进行现场勘验，形成勘验报告（见 A.19）。

（7）路政总队进行材料审核，并完成审批，形成审批单（见 A.20）。

（8）高速管理单位与建管单位签订安全协议（见 A.21）。

（9）路政支队与施工单位签订安全协议（见 A.22 和 A.23）。

（10）施工单位取得施工许可证（见 A.24）。

（11）路政大队与施工单位签订安全协议，出具开工证（见 A.25）。

（12）施工单位准备施工许可证和施工方案到高速交警处备案。

（13）施工单位在许可证时间内完成跨越施工。

涉及各地市管理的高速公路参照高速管理局执行。

3.3 跨越 110kV 及以上架空输电线路

跨越 110kV 及以上输电线路手续办理流程如图 3-3 所示。

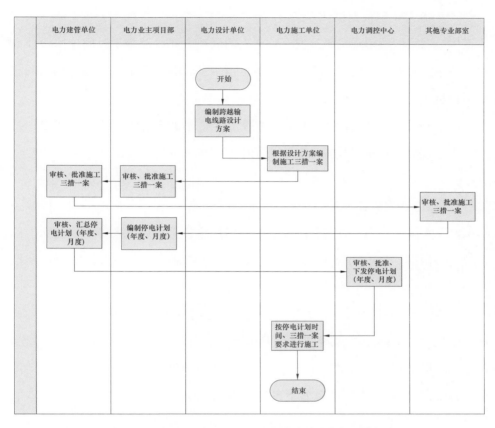

图 3-3　跨越 110kV 及以上输电线路手续办理流程图

3.3.1　资料准备

（1）业主单位准备停电计划（年度、月度）。

（2）设计单位准备设计方案及跨越平断面图。

（3）施工单位准备安全、组织、技术措施及施工方案（简称三措一案）。

3.3.2　手续办理

（1）设计单位编制设计方案及跨越平断面图，提交施工单位。

（2）施工单位根据设计方案编制施工三措一案，审批加盖公章，施工组织方案中应明确的注明现场施工安全负责人的联系方式以及施工时间连同设计方案及跨越上报业主、建管单位及建管单位运维部、安全质量监察部等相关职能部室审批。

（3）业主单位根据工程里程碑计划、施工进度编制停电计划（年度、月度）上报建管单位批准后报送电力调控中心审核下发停电计划（年度、月度），其中：

1）年度计划流程（500千伏及以下主网设备）：各地市供电公司、检修公司编制三年滚动计划→省公司调控中心→组织审核批准后下发各供电公司、检修公司→根据省公司调控中心下达的计划编制本地区计划→报备省公司调控中心。

2）年度计划报送要求（500千伏及以下主网设备）：每年四季度，由各地市供电公司、检修公司向调控中心报送所属省公司未来三年设备停电计划建议，同时提交停电工作实证性材料。所属省公司调控中心组织开展三年滚动停电计划编制工作，每年年底前下发次年年度停电计划及未来三年滚动停电计划。

各地市供电公司在所属省公司主网设备年度停电计划下达15日内，完成本地区电网设备年度停电计划的编制下发工作，并报调控中心备案。

500千伏以上设备年度停电计划由国调中心组织统一制定、下发。

3）月度计划流程（500千伏及以下主网设备）：各地市供电公司、检修公司编制月度计划→省公司调控中心→组织召开主网月度停电计划审查会→下发各地市供电公司、检修公司执行。

4）月度计划相关要求（500千伏及以下主网设备）：月度计划应根据所属省公司年度停电计划确定的停电时间，按要求落实停电准备工作，保障停电计划按期实施。如有新增停电需求或预计停电计划不能按期实施，应在停电工作调整、实施前两个月，办理计划变更及临时停电申请单，方可纳入月度停电计划进行滚动调整。

月度计划应依据所属省公司主网年度停电计划安排，于每月月初前向调控中心申报下月设备停电计划建议。

凡基建、市政及技改工程，各单位需同时报送审核通过的施工及停送电方案，方可列入月度停电计划，否则不予受理。

设备生产改造、基建和迁改等涉及通信设施或影响通信业务时，设备运维单位应提前1个月与通信部门会商；需设备配合停运的通信设备检修工作，通信部门应提前1个月与设备运维单位会商。

每月月底，调控中心组织召开主网月度停电计划审查会，会商主网次月停电计划预安排及电网运行风险，经公司领导审查通过后，发布次月主网月度停电计划。

（4）施工单位按照停电计划时间、施工三措一案要求提前准备工器具、搭建跨越架等准备工作，组织跨越施工。

4

"三跨"工程典型设计方案

4.1 跨 越 铁 路

4.1.1 设计方案

架空输电线路跨越铁路应采用独立耐张段。独立耐张段一般采用"耐—直—直—耐"、"耐—直—耐"、"耐—耐"或"耐—直—直—直—耐"方式，直线塔不宜超过 3 基，如图 4-1～图 4-4 所示。

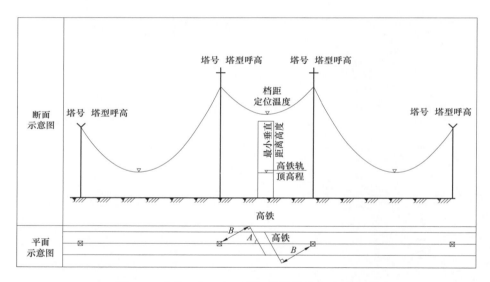

图 4-1 "耐—直—直—耐"跨越铁路方式示意图

设计应根据工程气象、地形、地质、施工和运行等条件，经综合比选，合理确定独立耐张段跨越方式。跨越位置条件允许时，优先采用"耐—直—直—耐"跨越方式。

输电线路在选择跨越铁路杆塔位置时，应注意控制使用档距和相应的高差，对于跨越塔两侧档距、高差相差较大的应采取必要的措施，确保安全可靠。

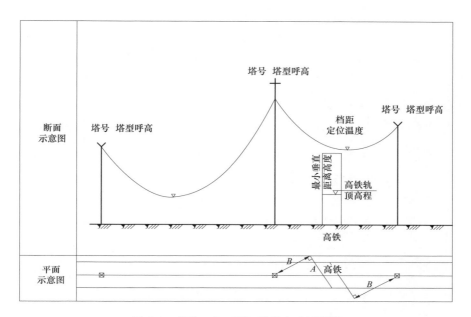

图 4-2 "耐—直—耐"跨越方式示意图

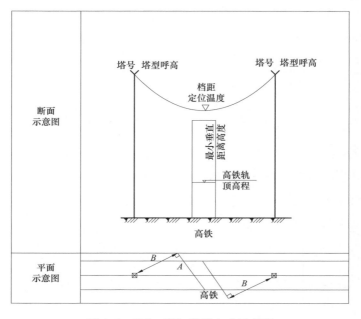

图 4-3 "耐—耐"跨越方式示意图

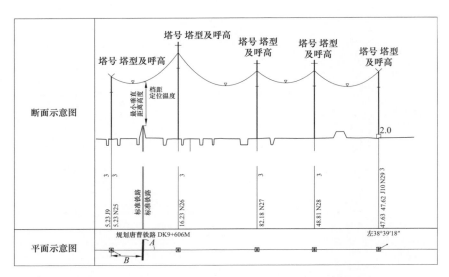

图 4-4 "耐—直—直—直—耐"跨越方式示意图

铁路跨越示意图中需标示出定位温度（70℃）及定位温度下的最小垂直距离，平面示意图中需标示线路与铁路的交叉角度 A，铁塔距铁路最小水平距离 B，需在平面示意图中标示跨越铁路名称及里程"××铁路 K××+××"。

4.1.2 设计要点

（1）火车站、铁路进出站信号机禁止跨越。架空输电线路禁止跨越火车站、铁路进出站信号灯，如图 4-5～图 4-7 所示。

（2）铁路沿线所有信号灯禁止跨越。架空输电线路禁止跨越铁路沿线的信号灯，如图 4-8 所示。

（3）铁路桥梁禁止跨越。架空输电线路禁止跨越铁路沿线的桥梁，如图 4-9 所示。

（4）铁路锚段关节禁止跨越。架空输电线路禁止跨越铁路沿线的锚段关节，如图 4-10～图 4-11 所示。

图 4-5 禁止跨越火车站

图 4-6 禁止跨越进出站信号灯 1

图 4-7　禁止跨越进出站信号灯 2

图 4-8　禁止跨越铁路沿线信号灯

图 4-9　禁止跨越铁路桥梁

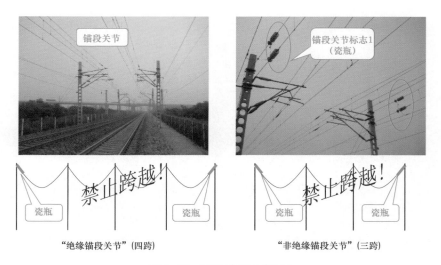

图 4-10　锚段关节示意图 1

图 4-11 锚段关节示意图 2

（5）铁路电分相和电分段禁止跨越。架空输电线路禁止跨越铁路沿线的电分相和电分段，如图 4-12～图 4-15 所示。

高速铁路电分相开关之间为 6 跨，普通电气化铁路中间为 6-11 跨不等。

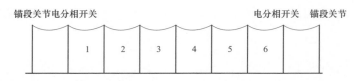

图 4-12 电分相示意图

图 4-13 电分相标志牌设置示意图

图 4-14　电分相标志牌布置

图 4-15　禁止跨越电分相和电分段

4.2　跨越高速公路

4.2.1　设计方案

　　架空输电线路跨越高速公路应采用独立耐张段。独立耐张段一般采用"耐—直—直—耐""耐—直—耐""耐—耐"或"耐—直—直—直—耐"方式，直线塔不宜超过 3 基，如图 4-16～图 4-19 所示。

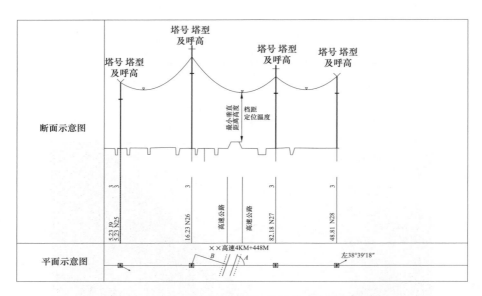

图 4-16 "耐—直—直—耐"跨越高速公路示意图

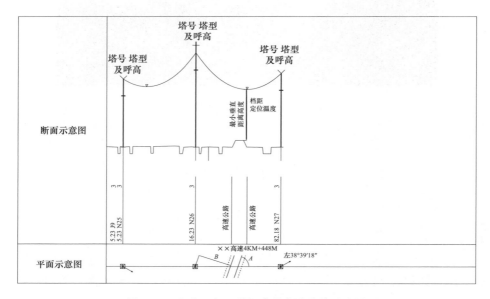

图 4-17 "耐—直—耐"跨越高速公路示意图

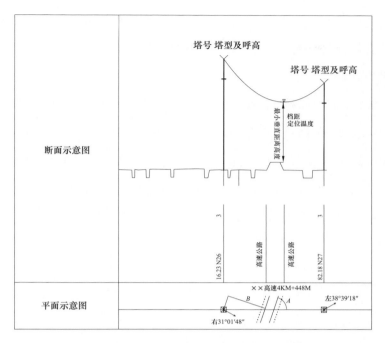

图 4-18 "耐—耐"跨越高速公路示意图

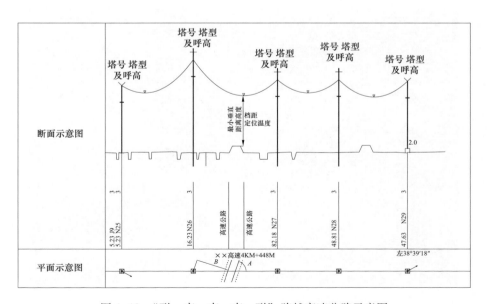

图 4-19 "耐—直—直—直—耐"跨越高速公路示意图

设计应根据工程气象、地形、地质、施工和运行等条件，经综合比选，合理确定独立耐张段跨越方式。跨越位置条件允许时，优先采用"耐—直—直—耐"跨越方式。

输电线路在选择跨越铁路高速公路位置时，应注意控制使用档距和相应的高差，对于跨越塔两侧档距、高差相差较大的应采取必要的措施，确保安全可靠。

高速公路跨越示意图中需标示出定位温度（70℃）及定位温度下的最小垂直距离，平面示意图中需标示线路与高速公路的交叉角度 A，铁塔距高速公路最小水平距离 B，需在平面示意图中标示跨越高速公路名称及里程"××高速××km+××m"。

4.2.2 设计要点

（1）高速公路服务区禁止跨越。架空输电线路禁止跨越高速公路服务区，如图 4-20 所示。

图 4-20 高速公路服务区示意图

（2）高速公路收费站禁止跨越。架空输电线路禁止跨越高速公路收费站，如图4-21所示。

图4-21 高速公路收费站示意图

（3）高速公路互通处禁止跨越。架空输电线路禁止跨越高速公路互通处，如图4-22所示。

图4-22 高速公路互通示意图

4.3 跨越 110kV 及以上架空输电线路

4.3.1 跨越 500kV 架空输电线路设计方案

输电线路跨越 500kV 线路时，按照跨越重要电力线路考虑，跨越 500kV 线路时宜采用独立耐张段跨越，独立耐张段应根据地形、地物等条件合理确定跨越方案，可采用"耐—直—直—耐""耐—直—耐""耐—直—直—直—耐"方案，且直线塔不应超过 3 基，跨越耐张段长度一般不宜大于 3.0km，条件允许时尽可能缩短。线路与 500kV 电力线路交叉角不宜小于 45°，对受限地段无法满足时应尽量缩小跨越档距，"耐—直—直—直—耐"跨越 500kV 线路设计方案如图 4-23 所示。

4.3.2 跨越 220kV、110kV 架空输电线路设计方案

输电线路跨越 220kV 和 110kV 线路时，宜避免同一档内跨越多条 220kV 和 110kV 线路，宜避免跨越塔头位置，条件允许时跨越耐张段尽可能缩短。线路与 220kV 和 110kV 电力线路交叉角不宜小于 15°，对受限地段无法满足时应尽量缩小跨越档距，跨越 220、110kV 线路设计方案如图 4-24 所示。

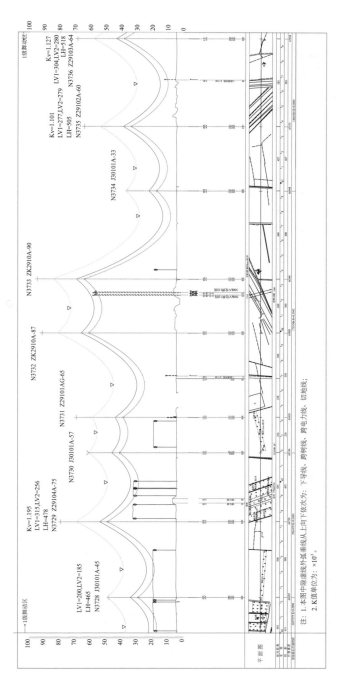

图 4-23 "耐－直－直－直－耐""跨越 500kV 线路方案

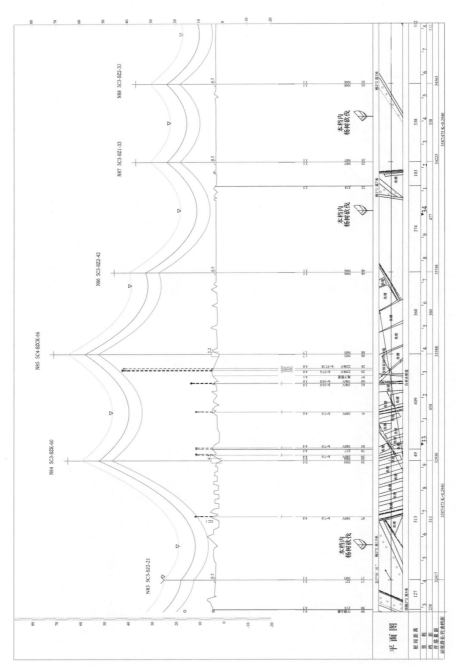

图 4-24 跨越 220、110kV 线路示意图

5

"三跨"工程典型施工方案

5.1 跨越高铁施工方案

架空输电线路跨越高速铁路应根据铁路轨顶（接触网）对地高度、与跨越档导线悬挂点间高差、铁路轨道股数、与架空线的交叉角度及现场地形状况等编制跨越施工方案。一般可采用以下几种形式：

（1）毛竹、杉杆、钢管材质的脚手架式跨越架。

（2）金属格构式跨越架。

（3）金属格构与铁塔结合式跨越架等。

近年来，由于跨越铁路施工"天窗"时间要求，为缩短封网施工时间，根据铁路部门要求，一般多采用承插型盘扣式钢管跨越架和金属格构式跨越架进行新建架空输电线路跨越施工。本章主要介绍承插型盘扣式钢管跨越架和金属格构式跨越架施工方案。

5.1.1 承插型盘扣式钢管跨越架施工方案

5.1.1.1 跨越架形式

在跨越高速铁路两侧用承插型盘扣式钢管组成格构式多排架体，架体两侧装设拉线，在高速铁路上方架体之间采用防护网（杆）的形式对高速铁路进行遮护的临时结构。示意图和施工图分别如图 5-1 和图 5-2 所示。

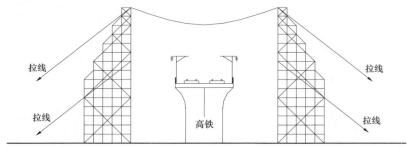

图 5-1 承插型盘扣式钢管跨越架示意图

图 5-2   承插型盘扣式钢管跨越施工图

5.1.1.2   跨越架特点

（1）架体立杆均使用 Q345B 低合金高强度结构钢，比传统脚手架所用 Q235 碳素结构钢材质强度大幅提升。

（2）连接杆件标准化、系列化，组成的架体尺寸规范，承插型连接、积木式拼装，操作便捷。

（3）架体连接杆件主要有立杆、水平杆、竖向斜杆、水平斜杆及可调支座；连接件与杆端连为一体；可调支座在一定范围内方便调节立杆高度，保证搭设质量。

（4）特有的竖向斜杆设计，组成桁架式格构柱单元，结构稳定、安全可靠。

（5）立杆规格多样化，套筒连接加销钉固定方便可靠，其上每隔 0.5m 焊接圆形盘扣，既起连接作用，也可作为脚钉攀登方便。

5.1.1.3   跨越架设计

1. 跨越架高度计算

跨越架立柱（或主杆）高度应满足其对被跨电力线路（地线或导线）的

垂直距离不小于表 5-1 的规定。

跨越架高度应满足式（5-1）的要求：

$$h_k \geqslant h_d + K_S S_1 + f_w + f_1 \tag{5-1}$$

式中　　h_k ——跨越架立柱最小高度，m；

　　　　h_d ——被跨电力线对地平面的高度，m；

　　　　K_S ——封顶网垂直间距增大系数，当跨距为 20m 及以下且封顶网为网

　　　　　　　绳时，取 $K_S = 1.2$，封顶网为网杆时，$K_S = 1.1$，当跨距大于 20m

　　　　　　　且封顶网为网绳时，取 $K_S = 1.6$，封顶网为网杆时，取 $K_S = 1.2$；

　　　　S_1 ——封顶网中点与被跨电力线路的安全距离，m；

　　　　f_w ——封顶网最大弧垂，m；

　　　　f_1 ——安全距离裕度，m。

表 5-1　　　　　　　　跨越架与带电体的最小安全距离　　　　　　　　（m）

跨越架部位	被跨越电力线电压等级（kV）					
	<10	35	66~110	220	330	500
架面（含拉线）与导线的水平距离	1.5	1.5	2.0	2.5	5.0	6.0
无地线时，封顶网（杆）与导线的垂直距离	1.5	1.5	2.0	2.5	4.0	5.0
有地线时，封顶网（杆）与地线的垂直距离	0.5	0.5	1.0	1.5	2.6	3.6

2. 跨越架架顶宽度计算

简易跨越架，一般是三相导线水平排列（交流线路）或两极导线（直流线路）采取连体布置。下面以保护一相（极）导线为例，计算跨越架的架顶宽度。

架顶宽度是指导线沿被跨电力线路方向的有效遮护宽度。当遮护的施工线

路为一相导线，其架顶宽度应满足：

$$B_1 \geqslant \frac{1}{\sin\beta}[2(Z_X + C) + b_1] \tag{5-2}$$

$$Z_X = w_{4(10)}\left(\frac{x}{2H}(l - x) + \frac{\lambda}{w_1}\right) \tag{5-3}$$

$$w_{4(10)} = 0.062\ 5\mu_{SC}d \tag{5-4}$$

以上式中　B_1——跨越单项导线时沿运行电力线路的架顶宽度，m；

　　　β——施工线路与运行电力线的跨越交叉角，(°)；

　　　Z_X——安装气象条件下施工线路导线在跨越点处的风偏距离，m；

　　　b_1——展放导线时，一相（极）导线中最外侧两子导线间的水平间距，m；

　　$w_{4(10)}$——安装气象条件（风速 10m/s）下，施工线路导线单位长度的风荷载，N/m；

　　　λ——邻近跨越点直线杆塔悬垂绝缘子串挂点至导线的距离（简称悬垂绝缘子串长度），m；

　　　w_1——施工线路导线单位长度的自重力，N/m；

　　　C——超出施工线路边线的保护宽度，取 2.0m，m；

　　μ_{SC}——风载体型系数，当 $d < 17$mm 时，取值为 1.2，当 $d \geqslant 17$mm 时，取值为 1.1；

　　　d——架空导线的外径，mm。

　　施工线路为交流线路且导线为三相水平排列，或者为直流线路两极导线水平排列时，其架顶总宽度应满足：

$$B_Z \geqslant \frac{1}{\sin\beta}[2(Z_X + C) + b_1 + D] \tag{5-5}$$

式中　B_Z——简易跨越架架顶总宽度，m；

　　　D——施工线路两边线中心间的水平距离，m。

3. 跨越架封顶网设计

（1）封顶网宽度计算公式如下：

$$B_W = D_X + (Z_{(10)} + C) \times 2 \tag{5-6}$$

式中　B_W——封顶网宽度，m；

　　　D_X——当同杆双回路线路按左右回路封网时，取地线、上相、中相、下相线索投影边界宽度；当单回路线路分相封网时，取边导线与相邻地线间的水平距离，m；

　　　C——超出施工线路边线的保护宽度，取2m。

（2）封顶网长度计算公式如下

$$L_w \geqslant \frac{D_t}{\sin\beta} + \frac{B_W}{tg\beta} + 2L_B \tag{5-7}$$

式中　L_w——封顶网的总长度，m；

　　　D_t——被跨物的宽度，m；

　　　L_B——封顶网伸出被跨物最外侧的保护长度，取10m。

（3）主索道选择。主索道（承力）绳有两种工作状态：一种为安装状态（空载状态），另一种为导线事故状态。当已知空载状态的张力求解事故状态的张力时，可采用简化的导线状态方程，既简化的斜抛物线方程：

$$H_A - \frac{l^2 w_0^2 SE \cos^3\varphi}{24H_A^2} = H_S - \frac{l^2 w_s^2 SE \cos^3\varphi}{24H_S^2} \tag{5-8}$$

式中：H_A——承载索的安装张力，N/mm；

　　　l——跨越档的水平档距，m；

　　　w_0——承载索单位长度的自重力，N/m；

　　　E——承载索的弹性模量，N/mm^2；

　　　S——承载索的净载面面积，mm；

　　　H_S——事故状态下承载索的张力，N/mm^2；

w_s——事故状态下承载索单位长度的重力，N/m；

φ——跨越档承载索悬挂点间的高差角，（°）。

H_s的求解方法为：

$$a = H_A - \frac{l^2 w_0^2 ES \cos^3 \varphi}{24 H_A^2} \tag{5-9}$$

$$b = \frac{l^2 w_s^2 ES \cos^3 \varphi}{24} \tag{5-10}$$

将式（5-9）、式（5-10）代入式（5-8），经整理得

$$H_s^2 (H_s - a) = b \tag{5-11}$$

当已知H_A、w_0、w_s、S及E时，可由式（5-11）按渐次逼近法求解，应小于承载索的容许张力。

（4）网片的选择。封顶网采用绝缘尼龙绳编制而成，包括格子绳、边绳和水平网绳等。对用于跨越架的封顶网，由于事故状态的跑线是首先落在跨越架横担上，落线后冲击动能已减弱或消失，因此，网绳只考虑落线后的静载荷；对于无跨越架的封顶网，事故状态的跑线可能首先落在网绳上，应考虑落线后的冲击力量。

1）格子绳或网绳规格的选择。仅考虑落线的垂直荷载时，格子绳或网绳的破坏拉断力应满足要求：

$$G_D = L_G w_1 m \tag{5-12}$$

$$T_C \geqslant \frac{G_D K_1 K}{2 \cos \beta_W} \tag{5-13}$$

$$\beta_W = \tan^{-1} \frac{B_3}{2 f_3} \tag{5-14}$$

式中　L_G——格子绳顺线路方向的间距，m；

　　　T_C——格子绳或网绳的破断拉力，N；

　　　G_D——作用于格子绳或网绳的集中荷载，N；

β_w ——格子绳或网绳与铅垂线间夹角，（°）；

B_3 ——格子绳或网绳受力后悬挂点间水平距离，其近似值为 $B_3 = B_2 - 1$（B_2 为封顶网宽度），m；

f_3 ——格子网或网绳的垂度，当封网宽度为 4～5m 时，取 $f_3 = 1m$；当封网宽度为 6～8m 时，取 $f_3 = 1.5m$，m；

K_1 ——动荷系数；当有跨越架时，取 $K_1 = 1$；当无跨越架时，取 $K_1 = 1.2$；

K ——安全系数，取值为 3～5。

2）封顶网杆选择。在落线的情况下，封顶网杆承担相应线段长度导线的重力作用，其产生的弯曲应力计算公式为：

$$\sigma = \frac{G_D B_4}{4 W_G} \leqslant [\sigma] \tag{5-15}$$

式中 σ ——网杆的计算弯曲应力，N/mm^2；

G_D ——作用单根网杆的集中荷载，按式（5-12）计算，N；

B_4 ——网杆两端支点间的水平距离，mm；

W_G ——网杆的断面系数，mm^3；

$[\sigma]$ ——网杆的容许弯曲应力，N/mm^2。

当为杉木杆时，$[\sigma] = 8.8 N/mm^2$；当为竹杆时，$[\sigma] = 28 N/mm^2$（近似取值）；当为绝缘管时，$[\sigma] = 28 N/mm^2$（近似取值）。

当为杉木杆时：

$$W_G = \frac{\pi d^3}{32} \tag{5-16}$$

当为管材（竹竿、绝缘纤维管）时

$$W_G = \frac{\pi (D^4 - d^3)}{32 D} \tag{5-17}$$

式中 D ——圆管外径，mm；

d ——圆管内径或为实心圆木外径，mm。

5.1.1.4　施工过程

1. 施工准备

（1）跨越架组立前应对全体施工人员进行安全技术交底，使施工人员掌握跨越施工技术以及施工过程中存在的安全风险点。

（2）跨越架组立施工前应对使用的工器具进行全面检查，工器具检查内容主要包括规格型号、检验报告有效期以及外观等方面，以及确保本次跨越施工工器具合格、有效。

（3）承插型盘扣钢管主要构配件符合《建筑施工承插型盘扣式钢管支架安全技术规程》（JGJ 231—2010）标准要求。

（4）取得铁路部门的批准并在其监督下方准许施工。

2. 跨越架搭设与拆除

（1）跨越架立杆搭设位置应按照施工方案放线确定，架体的中心应设置在新架线路中心上，架顶两侧应设外伸羊角。

（2）立杆放置可调底座，先立杆后水平杆再斜杆的顺序搭设，形成基本的架体单元，应以此扩展搭设成整体跨越架体系。承插型盘扣式钢管架具体组装成型的单元桁架式格构柱如图5-3所示。

（3）可调底座和土层垫板应准确放置在定位线上，保持水平。垫板应平整、无翘曲，不得采用已开裂垫板。

（4）插销外表面应与水平杆和斜杆端头相吻合，插销连接应保持锤击自锁后不拔脱。

（5）每搭设完一步后，应及时调整水平杆步距，立杆的纵、横距，立杆的垂直偏差和水平偏差。

（6）加固件、斜杆、拉线应与脚手架同步

图5-3　承插型盘扣式钢管架
单元桁架式格构柱

搭设。

（7）作业层设置应铺满脚手板，外侧设置档脚板和防护栏。

（8）跨越架上应悬挂醒目的警告标志。

（9）拆除时应划出安全区，设置警戒标志，派专人看管。

（10）拆除前应清理脚手架上的器具、多余的材料和杂物。

（11）拆除作业应按先搭后拆，后拆先搭的原则，从顶层开始，逐层向下进行，严禁上下层同时拆除，严禁抛掷。

3. 埋设地锚

地锚应按要求进行准确的定位、施工。规格、埋深、地锚钢丝绳及工具符合要求，钢丝绳与水平线夹角不大于60°，地锚到位后必须经检验合格后才可埋设，并按要求填写地锚责任卡。

4. 封网

跨越架搭设完毕，经铁路部门验收合格后，请高铁配合单位人员在高铁天窗时间内对已停电的高铁电力线路进行验电并安装临时接地线。接地线安装完成后，在高铁配合单位人员监护下，方可通知施工人员进行封顶网安装施工。

（1）展放承力绳。用轻型飞行器展放初级引绳，初级引绳带张力展放次级引绳，次级引绳牵引循环绳，循环绳牵引承力绳和牵网绳。承力绳通过特制滑车和手扳葫芦锚固在承力索地锚上，通过手搬葫芦来调节承力绳张力。

（2）安装封顶网（杆）。封顶网（杆）通过挂钩（环）挂（套）在承力绳上，由牵网绳牵引网片至预定位置，完成封网。牵网绳两端固定在架体上，固定牢固。

5. 拆网

当跨越段架线施工完成后，方可拆除封顶网（杆）。拆网（杆）前应与高铁部门联系，经高铁部门确认后，在规定的时间进行拆除。封顶网（杆）拆除基本按挂设操作的反顺序进行，在高铁天窗点内，确认没有列车通过的情况下进行拆除工作：

（1）放松并解开一侧牵网绳，一侧拉网，另一侧侧送网，将封顶网（杆）收放在跨越架上并拆除。

（2）通过循环绳将牵网绳、承力绳全部拆除。

（3）利用已架设导线高空拆除循环绳或利用初级封网牵引绳拆除循环绳，拆除初级引绳。

6. 拆除架体

由上至下逐根拆除钢管跨越架。收回所有工器具，报送高铁部门，结束跨越施工。

7. 撤场清理

拆除跨越系统后应对地貌进行恢复，清除施工现场施工留下的废弃物，做到"工完料尽场地清"。

8. 施工照明方案

（1）由于跨越高铁施工一般安排在夜间进行，跨越点与整个放线段设计周密、可靠的照明方案，确保各施工操作点都有足够的照明。

（2）照明设置参考：

1）两基跨越塔分别设置 2 盏 400W 投光灯，用于封网施工照明。

2）高速铁路跨越点两侧分别设置 1 盏 2kW 全方位自动泛光灯，用于监测封顶网对铁路接触网的净空距离。

3）每处跨越架各设置 2 盏 400W 投光灯，用于登高和高处作业照明。

4）每基铁塔设置 2 盏 400W 投光灯，用于登高和高处作业照明。

5）牵引场和张力场各设置 2 组 2kW 全方位自动泛光灯，用于场地和牵张设备的照明。

6）所有夜间施工高处作业人员在安全帽上配置微型头灯。地面施工人员每人配一个手电筒，用于个人移动照明。

7）现场配备 2 台 2kW 应急灯及发电机组，作为应急照明备用。

（3）夜间施工用电设备必须有专人看护，确保设备及人身安全。

（4）夜间施工时，各项工序或作业的结合部位要有明显的发光标志，施工人员需穿戴反光警示服。

（5）夜间施工时，必须配备可靠照明、通信设备并进行演练。

5.1.2　金属格构式跨越架施工方案

5.1.2.1　跨越架形式

在跨越物两侧采用金属格构式跨越架作为支撑，用高强度迪尼玛绝缘绳做封网承力绳，用绝缘尼龙网（杆）封顶实现跨越。示意图和施工图分别如图 5-4 和图 5-5 所示。

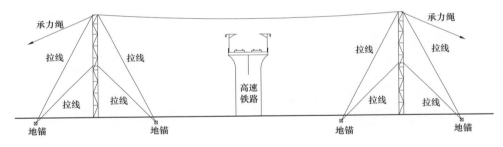

图 5-4　金属格构式跨越架示意图

5.1.2.2　跨越架特点

（1）金属格构式跨越架多采用钢结构型式，由主柱、架头、拉线系统组成，主柱一般采用四方形断面，以角钢为主材和辅材，钢结构跨越架主、辅材间一般用焊接连接。

（2）可以制造成不同长度、截面的段节，现场组装，搬运、安装较为方便。

（3）可与组立杆塔的抱杆通用，提高了工具使用效率。

图 5-5　金属格构式跨越架施工图

（4）常见组合型式如下：

1）立柱断面为 800mm×800mm 的钢结构组合式跨越架，基本段长为 3m、2m 段组成，可组成全高为 50m 以下的任意实用高度。整体靠上下拉线固定。跨越架段与段之间用法兰连接。横担宽度 8m，架头自制。

2）立柱断面为 600mm×600mm 的钢结构组合式跨越架，基本段长为 4m、3m、2m 段组成，可组成全高为 36m 以下的任意实用高度。整体靠上下拉线固定。跨越架段与段之间用法兰连接。横担宽度 6m 或 8m，架头自制。

3）立柱拉线布置。架柱拉线与新建线路成 45°布置；上拉线固定在横担处的专用挂板上；下拉线固定在架柱中间的段间结合部。上拉线对地夹角不大于 60°，下拉线对地夹角不大于 45°。拉线不少于 2 层。

5.1.2.3　跨越架设计

1. 张力放线时金属格构跨越架的设计工况

对于张力放线中使用的金属格构跨越架应能满足正常工况及事故工况下具

67

有的结构强度及稳定性。

（1）正常工况。正常工况应能满足同时承受线（绳）的垂直荷载及架面风压荷载的要求。

1）垂直荷载计算。作用于跨越架架顶的垂直荷载按式（5-18）计算：

$$W_J = m w_1 l_{kc} \tag{5-18}$$

式中　W_J——跨越架的垂直荷载，N；

　　　m——同时牵引的子导线根数；

　　　l_{kc}——假设导线落在跨越架上，一副主柱可能承担的最大垂直档距，一般取值为 200m，m。

2）顺施工线路方向的水平荷载计算。水平荷载包括架面风压和封顶网承载索张力 P_0。

架面风压按均布荷载计算。单位长度的架面风压近似计算式为：

$$q_F = \mu_S \beta_Z A_f \frac{V^2}{1600} \tag{5-19}$$

式中　q_F——架面风压的均布荷载，kN/m；

　　　β_Z——风荷载调整系数，高度 20m 以下取 1.0，20～50m 取 1.5；

　　　μ_S——构件体型系数，跨越架主材使用圆形杆件时，$\mu_S = 0.7$，跨越架主材使用角钢或角铝杆件时，$\mu_S = 1.3$；

　　　V——线路设计最大风速，取值为 25～30m/s，m/s；

　　　A_f——架面 1m 范围的投影面积，一般近似取架面轮廓面积的 30%～40%，m。

3）跨越架承载索的水平张力，正常情况下每条绳最大使用张力建议取值 2500N。

（2）事故情况之一。顺施工线路方向发生线或绳跑线时，水平力作用跨越架主柱中心，此时，跨越架应能同时满足垂直及水平荷载的强度及稳定要求，无风。

1）垂直荷载按式（5-20）计算：

$$W_{JS} = K_1 m w_1 l_{kc} \qquad (5-20)$$

式中　W_{JS}——事故状态下跨越架的垂直荷载，N；

　　　K_1——冲击系数，取值为 1.3～1.5。

2）水平荷载按式（5-21）计算：

$$P_S = \varepsilon W_{JS} \qquad (5-21)$$

式中　P_S——事故状态下，跨越架的水平荷载，N；

　　　ε——导线对跨越架羊角横担的摩擦系数，架顶为滚动横梁时，取 $\varepsilon =$ 0.2～0.3；架顶为非滚动横梁且为非金属材料时，取 $\varepsilon = 0.7 \sim$ 1.0；架顶为非滚动横梁且为金属材料时，取 $\varepsilon = 0.4 \sim 0.5$。

（3）事故情况之二。偏离跨越架中心 X_m（X_m为水平力偏离主柱中心距离）时，顺施工线路方向发生跑线，此时，应同时满足垂直荷载和水平荷载要求，计算式分别为（5-20）和式（5-21）。

2. 金属格构跨越架高度

金属格构跨越架高度计算参见 5.1.1.3。

3. 金属格构跨越架架顶宽度

$$B \geqslant D_X + (Z_{(10)} + C) \times 2 \qquad (5-22)$$

式中　B——跨越架有效遮护宽度，m；

　　　D_X——当同杆双回路线路按左右回路封网时，取地线、上相、中相、下相线索投影边界宽度；当单回路线路分相封网时，取边导线与相邻地线间的水平距离，m；

　　　C——超出施工线路边线的保护宽度，取 2m。

4. 金属格构跨越架跨度要求

跨越架与被跨越物的最小距离要大于架体的倒杆距离。

5. 跨越架封顶网设计

封顶网选择计算参见 5.1.1.3。

5.1.2.4 施工过程

（1）跨越架立柱、地锚设置。根据跨越高铁施工方案，利用经纬仪进行跨越架柱位置和地锚位置确定。

（2）跨越架立柱组立：

1）地面组装。组合式跨越架在现场进行组装及调直，螺栓必须紧固到位。立柱近似平行被跨高铁方向布置，拉线连接在专用夹具和专用用挂孔上。

2）架柱起立：

a. 一般采用吊车整体起吊，地面组装完成后，根据跨越架重量、长度选择吊车参数。

b. 立柱吊点位置与立柱基础位置重合，使用钢绳套垫好橡胶垫固定在起吊立柱主材上。将吊车支在被跨越线路和立柱之间并做好接地，吊车的摆放位置应能避免大幅度甩杆。吊车背离跨越物侧出臂，吊钩位置应基本处于立柱基础正上方。

c. 立柱头部吊离地面 0.5m 时，停止起吊检查各连接部位并理顺各拉线，确认连接可靠后方可继续起吊；立柱起吊到位后，吊车停止动作，将立柱底部移至预定位置，调整横担方向，将立柱拉线与地锚连接好；通过拉线调整使立柱与地面垂直；拉线固定后，方可摘掉吊钩。

d. 吊车需有吊钩自锁装置，预防吊绳套脱钩。

（3）封、拆网。封、拆网施工参见 5.1.1.4。

（4）拆除跨越架。利用吊车，按照"架柱起立"的相反过程进行拆除跨越架柱。

（5）施工照明方案参见 5.1.1.4。

（6）撤场清理。拆除跨越系统后应对地貌进行恢复，清除施工现场施工留下的废弃物，做到"工完料尽场地清"。

5.2　跨越普速铁路施工方案

架空输电线路跨越普速铁路的方案选择和跨越形式同高速铁路相同。由于普速铁路跨越高度较低，一般多采用杉杆跨越架和钢管跨越架进行跨越施工。以下主要介绍杉杆跨越架施工方案。

5.2.1　杉杆跨越架形式

两侧分别搭设多排杉杆跨越架，多排杉杆跨越架连为整体，跨越架的两侧均装设拉线起到防风稳固的作用，在铁路上方架体之间采用网片（杆）进行封网的方法实施跨越。示意图与施工图如图 5-6～图 5-8 所示。

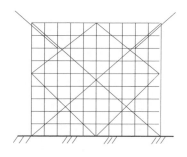

图 5-6　杉杆跨越架示意图 1

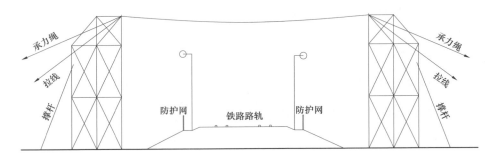

图 5-7　杉杆跨越架示意图 2

图 5-8　杉杆跨越架施工图

5.2.2　杉杆跨越架特点

杉杆跨越架取材方便，单个构件轻便，易于运输和安装，搭设施工技术简便，成本较低，经济性好，在跨越高度上存在一定的局限性，跨越架高度不宜超过 24m。

5.2.3　跨越架设计

杉木跨越架计算参见 5.1.1.3。

5.2.4 施工过程

（1）确定架位。搭设跨越架前必须对被跨越物进行复测。复测无误后，使用经纬仪在铁路两侧保护网外测定跨越架中心及各立杆位置。

如铁路围栏外侧埋有地下电缆时，施工前应提前联系铁路通信段、电务段，在铁路部门人员监护下，对地下电缆准确位置做好标记。

（2）跨越架搭设。

1）搭设跨越架要选配好杉杆，有木质腐朽、损伤严重或弯曲过大等任一情况者严禁使用。用于立柱的杉杆有效部分小头直径不得小于 70mm；横杆的有效部分的小头不得小于 80mm，60～80mm 的可双杆合并或单杆加密使用。架杆绑扎使用 $\phi4$ 铁线。

2）跨越架的搭设宜在铁路围网外侧进行。立杆起立，要顺着围网的方向从跨越架端头开始，逐根起立，并在杉杆上绑扎一根尼龙绳，由专人在外侧控制，防止杉杆向铁路侧倾倒。

3）跨越架的结构要求：

a. 立杆之间的间隔不得大于 1.5m，横杆之间的间距不得大于 1.2m。

b. 跨越架的横杆与立杆成直角搭设，立杆、大横杆应错开搭接，搭接长度不得小于 1.5m，绑扎时小头应在大头上，绑扣不得少于 3 道。立杆、大横杆、小横杆相交时，应先绑 2 根，再绑第 3 根，不得一扣绑 3 根。

c. 跨越架两端及每隔 6～7 根立杆应设置剪刀撑、支杆或拉线。拉线的挂点或支杆或剪刀撑的绑扎点应设在立杆与横杆的交接处，且与地面的夹角不得大于 60°。支杆埋入地下的深度不得小于 0.3m。

d. 跨越架立杆均应埋入坑内，杆坑底部应夯实，埋深不得少于 0.5m，且大头朝下，回填土应夯实。遇松土或地面无法挖坑时应绑扫地杆。

e. 每排架子设"十字盖"加固大面，架顶两端设羊角杆。

f. 架顶水平杆采用双杉木杆合并使用。

（3）跨越架封、拆网施工封、拆网施工参见 5.1.1.4。

（4）拆除跨越架。

1）拆除架体横杆。拆除架体杉杆要从顶部逐层逐根向下进行，并用传递绳向下传递，严禁抛扔和整体放排。拆下的材料应有人及时传送。

2）拆除架体立杆。拆除跨越架立杆时，应在立杆上部绑扎控制绳，由专人在外侧控制绳索，防止其向铁路侧倾倒。

（5）撤场清理。拆除跨越系统后应对地貌进行恢复，清除施工现场施工留下的废弃物，做到"工完料尽场地清"，然后通报相关铁路管理部门，结束跨越施工。

5.3 跨越高速公路施工方案

架空输电线路跨越高速公路的方案选择和跨越形式与铁路相同。近年来，一般多采用钢管跨越架进行新建输电线路跨越施工。以下主要介绍扣件式钢管跨越架施工方案。

5.3.1 扣件式钢管跨越架形式

在跨越高速公路两侧采用钢管搭设成长、宽、高满足需要的跨越架架体，设置稳定拉线，再利用跨越架体作为支撑，在跨越高速公路上方进行封网保护，进行放线施工。示意图和施工图如图 5-9～图 5-11 所示。

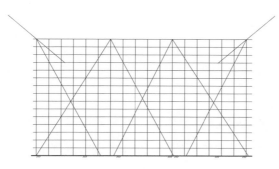

图 5-9   扣件式钢管跨越架示意图 1

图 5-10   扣件式钢管跨越架示意图 2

图 5-11   扣件式钢管跨越架施工图

5.3.2　扣件式钢管跨越架特点

（1）扣件式钢管脚手架在建筑行业普遍使用，而且其规格统一、容易采购或租赁。

（2）在一定高度范围内稳定性好，组合式结构在承受冲击荷载时安全性高，设置位置对地形条件要求不高，安装和拆除工作简易、安全风险小。

5.3.3　跨越架设计

扣件式钢管跨越架体计算及网片选择参见5.1.1.3。

5.3.4　施工过程

1. 施工准备

（1）项目部施工前与公路部门取得联系，办理跨越架施工协议，并在公路管理部门的监护下进行施工。

（2）跨越架搭设所需钢管及工器具由项目部供应科负责运输到跨越点两侧，由施工班组负责跨越架的搭设、维护和拆除施工，施工用工器具由项目部配备。

（3）搭设跨越架要选配好钢管，钢管宜用外径48～51mm、壁厚为3.5mm的焊接钢管或无缝钢管，立杆和大横杆应错开搭接，搭接长度不得小于0.5m。

（4）跨越架使用的钢管如有弯曲变形、磕瘪严重、表面严重腐蚀、裂纹或脱焊等任一情况者不得使用。

（5）跨越架的搭设在公路外侧进行，无特殊情况不得进入高速公路护栏以内。

2. 跨越架搭设

（1）搭设跨越架时采取的交通控制管理措施：

1）根据施工特点，采取有效措施，减少对交通的干扰，保障行车与施工安全。整个施工过程，邀请高速公路管理部门派人协助做好安全工作，施工时在公路上设交通控制区。

2）施工时在公路上施工作业控制区，控制区应按警告区、上游过渡区、纵向缓冲区、工作区、下游过渡区和终止区的顺序依次布置，施工作业控制区如图 5-12 所示。

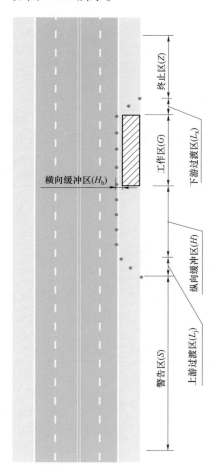

控 制 区	长度（m）
警告区 S	1600
上游过渡区 L_j	50
纵向缓冲区 H	120
工作区 G	30
下游过渡区 L_x	50
终止区 Z	50

图 5-12　封闭路肩施工作业控制区

G—工作区长度；H—纵向缓冲区长度；H_h—横向缓冲区宽度；L_j—封闭路肩上游过渡区长度；L_s—封闭车道上游过渡区长度；L_x—下游过渡区长度；Q—作业时段内通行车道的单车道高峰小时交通量 ［pcu／（h·ln）］；S—警告区长度；V—车辆行驶速度；W—封闭宽度；Z—终止区长度

a. 警告区。警告区最小长度 S 应符合表 5-2 规定，当交通量 Q 超出表中范围时，宜采取分流措施。

表 5-2　　　　　　　　　　高速公路警告区最小长度

设计速度 （km/h）	交通量 Q pcu/（h·ln）	警告区最小长度 （m）
120	$Q \leqslant 1400$	1600
	$1400 < Q \leqslant 1800$	2000
100	$Q \leqslant 1400$	1500
	$1400 < Q \leqslant 1800$	1800

b. 上游过渡区。封闭车道养护作业的上游过渡区的最小长度值应符合表 5-3 的规定。封闭路肩养护作业的上游过渡区的长度不应小于表 5-3 数值的 1/3。

表 5-3　　　　　　　　　封闭车道上游过渡区最小长度

最终限速值 （km/h）	封闭车道宽度（m）			
	3.0	3.25	3.5	3.75
80	150	160	170	190
70	120	130	140	160
60	80	90	100	120

c. 缓冲区。可分为纵向缓冲区和横向缓冲区，应符合下列规定：

（a）纵向缓冲区的最小长度应符合表 5-4 的规定，当工作区位于下坡路段时，纵向缓冲区的最小长度应适当延长。

（b）在保障行车道宽度的前提下，工作区和纵向缓冲区与非封闭车道之间宜布置横向缓冲区，其宽度不宜大于 0.5m。

表 5-4   纵向缓冲区最小长度

最终限速值（km/h）	不同下坡坡度纵向缓冲区最小长度（m）	
	≤3%	>3%
80	120	150
70	100	120
60	80	100

d. 工作区。工作区长度应符合下列规定：

（a）除借用对向车道通行的高速公路施工作业外，工作区的最大长度不宜超过 4km。

（b）借用对向车道通行的高速公路施工作业，工作区的长度应根据中央分隔带开口间距和实际养护作业而定，工作区的最大长度不宜超过 6km。当中央分隔带开口间距大于 3km 时，工作区的最大长度应为一个中央分隔带开口间距。

e. 下游过渡区。长度不宜小于 30m。

f. 终止区。长度不宜小于 30m。如图 5-13 所示。

g. 在封闭路段的起始点和终止点设立专职指挥人员，手举红旗协调交通，施工过程中派专人巡视。

3）封闭路段交通管制措施。

a. 施工人员要遵守各项施工安全规定。

b. 施工人员工作前严禁饮酒。

c. 施工时要有专职安全员监护，以保证施工人员安全。

d. 安全标志破损，已影响安全信息的表达时，应及时更换。

e. 安全标志应设置在明亮、醒目处，并相距危险点适当的距离，以便相关人员有足够的时间来注意它所表示的信息。

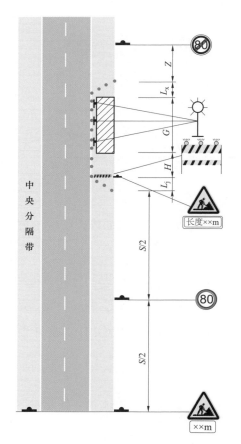

控制区	长度（m）
警告区 S	1600
上游过渡区 L_j	50
纵向缓冲区 H	120
工作区 G	30
下游过渡区 L_x	50
终止区 Z	50

图 5-13　高速公路封闭路肩养护作业

　　f. 沾满灰尘、油脂等赃物的安全标志，应及时清理干净，以确保其所表达的安全信息明确无误。

　　g. 安全标志发生位移，应及时调整，以防相关人员不能迅速地注意、明白安全标志所表达的信息而发生意外。派专人进行检查，检查的次数每天不少于4次。

　　（2）起立立杆：

　　1）钢管在起立过程中采取措施防止向公路侧倾倒。

2）立柱立起后应调直，使架面上所有立柱外侧在同一直线上，立柱间距不宜大于1.5m。

3）钢管跨越架立柱底部应设置金属底座或垫木，并设置扫地杆。

（3）架体紧固：

1）跨越架的横杆与立杆成直角搭设，横杆搭接应与立杆错开，搭接的长度不得小于0.5m；横杆之间的间距不得大于1.2m。立杆、横杆、撑杆或支杆相交时，应分别用直角扣件或旋转扣件进行连接，连接螺栓必须拧紧。

2）搭设跨越架时，每个节点均应牢固可靠，逐层加固，由下而上逐层进行，不得上下同时进行或先搭设框架后装设斜撑、支撑或拉线。搭设材料要有专人传递，不得任意抛扔。

3）跨越架搭设到第三步时，及时加装支杆以保证架体稳定。

4）跨越架最上层的横杆应水平搭接，避免导地线、导引绳卡在夹缝中。

5）跨越架的两端及每隔6～7根立杆应设剪刀撑、支杆或拉线；拉线的挂点或支杆或剪刀撑的绑扎点应设置在立杆与横杆的交接处，且与对地的夹角不得大于60°。

6）架排两端应搭设外伸羊角，羊角伸出端部2～3m。

7）钢管跨越架立杆接长严禁搭接，必须采用对接扣连接。

（4）拉线布置：

1）拉线地锚埋设时，地锚绳套引出位置应开挖马道，马道与受力方向应一致。

2）拉线应打在架顶横杆与立杆的节点处。

3）拉线长度受地形影响时可适当调整其长度，但拉线对地夹角不得大于45°。

4）拉线要松紧适当，不得过松或过紧。

3. 封、拆网及架体拆除

（1）封、拆网时，应通知公路的管理人员亲赴现场，给予配合，并采取交通控制管理措施。

（2）封、拆网及架体拆 5.1.1.4。

4. 撤场清理

拆除跨越系统后应对地貌进行恢复，清除施工现场施工留下的废弃物，做到"工完料尽场地清"。

5.4　跨越 110kV 及以上架空输电线路施工方案

在高压架空输电线路工程中，跨越档内有运行的架空电力线路时，架线有三种方式：① 被跨越电力线路实施停电，施工线路架线（含附件安装）完成后恢复送电，简称为停电跨越架线方式；② 搭设和拆除跨越系统时运行电力线停电，而架线（含附件安装）过程中运行电力线不停电，简称不停电跨越架线或封、拆网停电跨越架线方式；③ 架线过程中，由安装跨越系统直至施工线路架线完成，被跨电力线始终不停电，简称完全不停电跨越架线方式。在架线施工过程中，一般多采用第一种或第二种方式，不推荐第三种方式。

在架线施工过程中，如果被跨越线路实施停电（全过程停电），为减少停电时间，可将被跨越线路导地线采取落线措施降至地面或在被跨线路的导地线上包裹适当材料进行保护，采用张力放线的方法进行跨越施工。一般多采用 PVC 套管保护导地线的方式进行跨越施工。

5.4.1　停电跨越电力线采用 PVC 套管施工方案

5.4.1.1　采用 PVC 套管保护

在被跨电力线地线上利用 PVC 材质的塑料套管对其进行保护，防止架线过程中磨损地线。示意图和施工图分别如图 5-14 和图 5-15 所示。

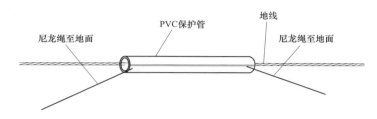

图 5-14　PVC 套管保护示意图

图 5-15　PVC 套管保护施工图

5.4.1.2　PVC 套管特点

（1）施工简易，成本低，效率高。

（2）PVC 套管表面光滑，防磨性好。

5.4.1.3　PVC 套管保护范围计算

保护管的安装长度为 L：

$$L \geqslant \frac{2(Z_X + C) + b}{\sin\theta} \tag{5-23}$$

式中　L——保护管安装长度，m；

　　　θ——线路与被跨越物间的交叉角，（°）；

　　　Z_X——安装气象条件下在跨越点处的风偏，m；

　　　C——安全裕度；

　　　b——施工线路最外侧导地线在线路横线路方向的水平宽度，m。

5.4.1.4　施工过程

（1）施工准备：

1）停电前准备工作包括技术准备、人员配置及培训、工器具配备及检查、现场勘察及修整场地和运输道路等。

2）凡参加施工的所有人员，作业前按要求进行安全技术交底，熟悉停电施工方案、架线施工作业指导书及施工工艺的要求。施工现场统一指挥，分工明确，架线过程各重要点设专人监护。

3）进入施工现场所使用的工器具必须进行检验或试验，不得使用不符合安全规程要求的工器具，所有使用的工器具严禁以小代大或超负荷使用。

4）备好足够数量的PVC管并沿管壁直线开槽，便于安装。

（2）PVC套管安装：

1）被跨线路停电、验电、挂接地。接工作负责人命令后方可施工。

2）将PVC保护管吊装到地线横担，高空人员拆除被跨线路跨越档地线防振锤，用PVC管包裹地线；用铁线在PVC管两端各牢固绑扎一根尼龙绳用于牵引PVC保护管在地线上滑动。

3）PVC管包裹完成后，地面作业人员利用尼龙绳，将PVC管移动至跨越点，并采取临时锚固。

4）恢复地线防震锤。

（3）架线过程中注意事项：

1）架线施工过程中需派专人巡检，如发现导引绳或导线等脱离保护范围，应及时进行调整。

2）展放过程中设专人用经纬仪监控牵引绳索和导线对被跨线路地线PVC保护管的距离是否满足安全距离，若发现牵引绳索与被跨线路地线距离低于最小安全距离时，应立即采取措施保证牵引绳索、导线与被跨线的安全距离。

（4）PVC套管拆除：

1）拆除地线防震锤。

2）解除锚固在地面的尼龙绳，将PVC保护管移至地线横担，拆除PVC管并松落至地面，并回收，安装防振锤。

3）被跨线路运行部门人员检查被跨越线路各相导地线完好无损后，拆除接地，完成施工。

5.4.2 封、拆网停电跨越电力线路施工方案选择

封、拆网停电跨越架线方式方案选择应根据电力线（地线）对地高度，与跨越档导线悬挂点间高差、跨越档档距、被跨架空线的交叉角度及现场地形状况等编制跨越施工方案。一般可采用以下几种形式：

（1）毛竹、杉杆材质的脚手架式跨越架。

（2）金属格构式跨越架。

（3）利用杆塔作支承体跨越架。

（4）金属格构与铁塔结合式跨越架等。

以下主要介绍利用杆塔作支撑体跨越架施工方案和配合实施的临时电缆过渡方案与绝缘护套施工方案。

5.4.2.1 利用杆塔作支撑体跨越架施工方案

（1）利用杆塔作支撑体跨越架形式。在跨越档两端铁塔上设置临时横担（临时横梁）代替跨越架作为支撑，用高强度迪尼玛绝缘绳做封网承力绳，用绝缘尼龙网（杆）封顶实现跨越施工，如图 5-16 所示。

图 5-16　临时横担跨越架施工图

（2）利用杆塔作支撑体跨越架特点：

1）不受跨越档地形条件的限制，适用范围广。

2）无需组立跨越架，施工便捷，工效较高。

（3）跨越架计算：

1）临时横担规格选择。临时横担有两种型式，一种是通长式，可以悬吊对应三相导线的承载索及封网装置；另一种是分段式，即一根对应悬挂一相导线的承载索及封网装置。现以第一种型式分析横担的受力情况，示意图如图 5-17 所示。

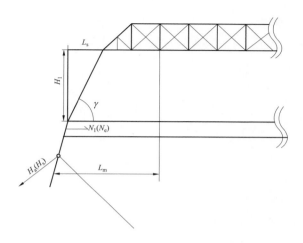

图 5-17 临时横担受力分析示意图

一般情况下，通长临时横梁可作为一根承压杆件进行其稳定校验。

正常情况下，通长临时横梁承担承载索安装张力及自重力的作用。当不考虑承载索滑车偏斜时，承载索安装张力对临时横梁产生的轴向压力为：

$$N_1 = \frac{H_A \sin\beta}{\tan\gamma} \qquad (5-24)$$

其中

$$\gamma = \tan^{-1}\frac{h_L}{l_s} \qquad (5-25)$$

以上式中　N_1——正常情况下，通长临时横梁的计算中心压力，N；

　　　　　β——承托索与地平面间夹角，(°)；

　　　　　γ——通长临时横梁端悬吊绳与横梁中心线间夹角，(°)；

　　　　　h_L——导线横担端部悬吊绳挂点至横梁上平面的垂直距离，m；

　　　　　l_s——通长临时横梁伸出塔身横担外侧的水平距离，m。

事故情况下，通长临时横梁承受承载索事故状态的张力及自重力的作用。承载索事故张力对通长临时横梁产生的轴向压力为：

$$N_2 = \frac{H_S \sin\beta}{\tan\gamma} \tag{5-26}$$

式中 N_2——事故情况下，通长临时横梁的计算中心压力，N。

由于 $H_S \gg H_A$，故应以 N_2 验算通长临时横梁强度。

通长临时横梁自重为均布荷载，对通长临时横梁 A、B 点间产生的弯矩为

$$M_h = \frac{Q_h l_h^2}{8} \tag{5-27}$$

式中 M_h——通长临时横梁自重产生的弯矩，N·cm；

   Q_h——通长临时横梁自重均布荷载，N/m；

   l_h——通长临时横梁外身段的长度，cm。

通长临时横梁在事故工况下的计算综合应力应满足：

$$\sigma_h = \frac{N_2}{\phi F_h} + \frac{M_h}{W_h} \leqslant [\sigma] \tag{5-28}$$

式中 σ_h——通长临时横梁的计算综合应力，N/cm²；

   Q_h——通长临时横梁主材的截面积，cm²；

   W_h——通长临时横梁危险断面系数，cm³；

   $[\sigma]$——允许应力，N/cm²。

经计算，一般 500 铁抱杆，断面为 500mm×500mm，主材∠63×5，辅材∠30×4，材质为 Q235，外法兰连接，即可满足施工需要。

2）临时横担长度选择：

$$B = \frac{D + (Z_{(10)} + C) \times 2}{\cos(\theta/2)} \tag{5-29}$$

式中 B——横梁长度，m；

   D——施工线路两边线的外侧子导线间水平距离，m；

   C——超出施工线路边线的保护宽度，取 2m；

θ——跨越塔转角度数，直线塔时取零值，(°)。

3）悬挂高度选择。临时横担悬挂高度最高在放线滑车下平面1m处，既能保证导线放线滑车与临时横担的安全距离，又能满足跨越施工需求。

4）主索道（承力）绳及网片选择。主索道（承力）绳及网片的选择参见5.1.1.3。

（4）施工过程：

1）施工准备：

a. 跨越档两端铁塔组装完毕，螺栓紧固合格。

b. 搭设跨越架前须与有关部门进行联系，并办理好相关手续，在开始搭设前书面通知相关部门。

c. 工器具、仪表规格数量配备充足，施工器具、工器具应经检验合格，现场布置完成。

2）临时横担提升和固定：

a. 临时横担的组装。临时横担组装使用6.8级螺栓连接，螺栓紧固到位。

b. 临时横担的提升。一般采用两套牵引系统同时进行提升，提升时两套牵引系统要互相配合，速度平稳，并由专人统一指挥。同时在铁塔临时横担相应位置上设置控制绳加以控制，防止临时横担在提升过程中与铁塔相碰。

c. 临时横担的悬挂和固定。临时横担提升到位后，利用钢绳套将临时横担固定在铁塔预定节点处；在每个悬挂封网承力绳滑车的位置，用钢绳套将临时横担悬挂在铁塔横担上，并用链条葫芦调节使各钢绳套均匀受力，保持水平。悬挂顺序：由临时横担中心逐一向横担两端安装进行，安装完毕后缓慢回松绞磨使悬挂系统受力，同时检查各部位受力情况，无问题后拆除绞磨，将临时横担反向拉线固定到地锚上。临时横担悬挂和固定示意图如图5-18所示。

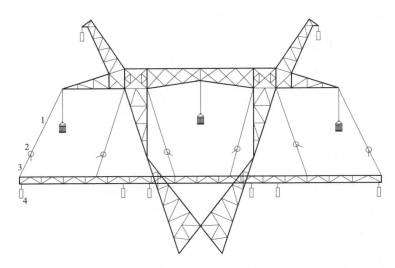

图 5-18　临时横担悬挂和固定示意图

1—钢丝绳吊套；2—链条葫芦；3—钢丝绳套；4—尼龙滑车

　　d. 尼龙滑车的固定方式：将尼龙滑车用钢绳套悬挂于临时横担上，作为封网承力绳的通过滑车，为保证合理受力，钢绳套要固定在临时横担上平面的两根主材上，滑车间距按设计尺寸布置，以便封顶网（杆）的安装。在临时横担上的尼龙滑车固定方式如图 5-19 所示。

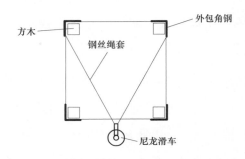

图 5-19　尼龙滑车固定方式示意图

　　e. 封、拆网施工参见 5.1.1.4。

　　f. 拆除临时横担。按照临时横担吊装施工的反顺序进行。

5.4.2.2 临时电缆过渡方案

1. 临时电缆过渡方案形式

在跨越110kV双回电力线路施工时，因电网运行原因，如果被跨双回路电力线无法采取全过程停电。特殊情况下，在实施封、拆网停电跨越架搭设的同时，可采用临时电缆过渡进行跨越施工，降低了电网风险，临时电缆过渡施工图如图5-20所示。

图5-20 临时电缆过渡施工图

2. 临时电缆过渡方案简介

被跨线路停电后，在跨越架封网的过程中，在被跨线路跨越点两侧铁塔上分别安装电缆头，地面敷设电缆，封网结束后，被跨越线路利用临时电缆运行。在架线施工结束停电拆网过程中，再拆除临时电缆，恢复原运行方式。

（1）电缆到货后，直接运输到施工现场，拆包装后进行外护套泄漏试验。

（2）电缆展放通道内所有杂物清理干净，划定施工范围并设安全围栏。

（3）用电缆盘支架使电缆轴离地能够自由转动，电缆头应在电缆轴上方出线，设置电缆滑车。

（4）使用绞磨牵引导引绳，通过电缆滑车展放电缆。电缆展放到位后，电缆端头做好相序标示，并再次进行外护套泄露试验。

（5）电缆敷设完成后，通过土路时要挖沟深埋，做好保护措施，并设警示牌。

（6）被跨线路停电后，将导线落地，断线，压接耐张管，安装耐张绝缘子，恢复导线。临时电缆过渡示意图如图5-21所示。

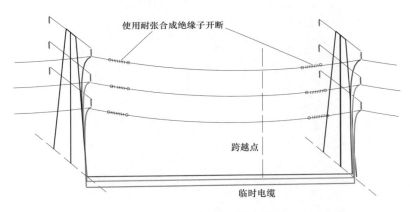

图5-21　临时电缆过渡示意图

（7）安装电缆固定夹具、避雷器、吊装电缆、接地箱等设备。

（8）当电缆及附件全部安装完毕，进行电缆耐压试验，再将电缆头与避雷器连接。

（9）利用引线连接导线和电缆，恢复送电。

（10）跨越施工完成后，跨越架拆网停电时，拆除临时电缆及附件。

（11）将导线落地，拆除两端耐张绝缘子串，展放新导线与旧地线连接，恢复送电。临时电缆恢复示意图如图5-22所示。

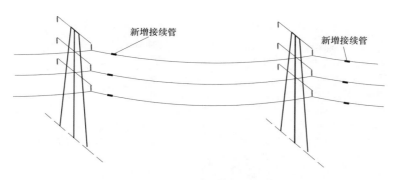

图 5-22　临时电缆恢复示意图

5.4.2.3　绝缘护套方案

1. 绝缘护套方案形式

在跨越 110kV 电力线路施工中，如果被跨电力线无法采取全过程停电，为缩短停电时间，保证跨越施工安全。在实施封、拆网停电跨越架搭设的同时，再采用绝缘护套对被跨越线路进行保护。绝缘护套施工图如图 5-23 所示。

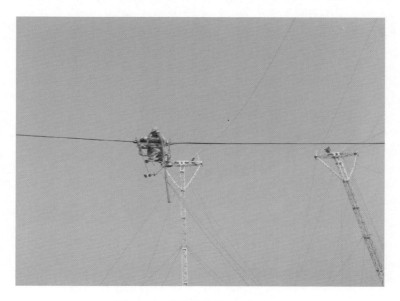

图 5-23　绝缘护套施工图（一）

图 5-23 绝缘护套施工图（二）

2. 绝缘护套安装方案

（1）安装绝缘护套。被跨线路停电后，在跨越架封网的过程中，高空作业人员利用单线飞车出线，将绝缘护套固定在跨越点上方指定位置，并做好密封。封网和绝缘护套完成后被跨越线路即可恢复送电。

（2）在跨越段架线施工完成后，被跨线路停电拆除封网时，高空人员利用单线飞车出线，用小刀割开绝缘护套封口，切割时注意保护导线，防止导线划伤。用滑车将拆除的护套送至地面。网片和绝缘护套拆除后，恢复送电。

5.5 新型跨越施工技术

为进一步提高架空输电线路工程跨越电力线路、铁路、高速等重要设施的安全可靠性，减少对被跨设施的影响和提高跨越施工效率，近年来一些新型跨越技术正在不断研发、试验，有望在今后工程进行推广应用。

5.5.1 "h"型钢结构式跨越架

"h"型钢结构式跨越架形式及特点如下：

（1）"h"型钢结构跨越架是将众多钢结构架柱组合连接成"h"型的格构整体，采用"h型格构架+软封网"方式或"h型格构架+旋转臂快速封网"的方式来进行跨越施工。"h"型钢结构式跨越架施工图如图5-24所示。

（2）"h"型钢结构跨越架具有坚固可靠，自身稳定性高，不需要拉线固定，能够有效防止临档或本档断线、跑线等意外情况对被跨物造成的影响。

（3）"h"型钢结构跨越架采用截面积为 800mm×800mm、900mm×900mm 组塔用的抱杆标准节和建筑用的 1450mm×1450mm、1650mm×1650mm 塔吊标准节，通过可变截面的六通连接件进行连接，拼装成"h"型的钢结构架体。

（4）"h"型钢结构跨越架体积大，高差精度要求高（20mm以内），因此在地基测量分坑前对场地的操平工作难度大，对地形、吊装要求高。

图 5-24 "h"型钢结构式跨越架施工图

5.5.2 伸缩臂式跨越架

伸缩臂式跨越架形式及特点如下：

（1）伸缩臂式封网跨越架由跨越立柱架体、伸缩臂、平衡臂、桅杆、拉线和封网杆系统组成。伸缩臂式跨越架施工图如图 5-25 所示。

图 5-25　伸缩臂式跨越架施工图

（2）伸缩臂由钢格构梁（1 节）及绝缘玻璃钢梁（3 节）组成，可实现在电力线上方快速形成刚性桥臂，且具有良好的绝缘性能。随伸缩臂自行展开的封顶网杆系统，能实现快速封网，减少被跨电力线停电时间。

（3）伸缩臂跨越架设备参数

1）架体最大高度 60m，总高 73m；设多层拉线稳固架体。

2）跨越架的最大跨越距离 68m，最大绝缘臂封网长度 48m。可根据实际跨越档距需求，伸缩臂伸出不同长度，两侧跨越架柱间的距离范围为 32～68m。

3）封网宽度 12m。

4）伸缩臂伸缩和伸缩臂末节控制拉线的动力装置均采用卷扬机。

5.5.3　其他新型跨越形式介绍

1. 旋转臂封网跨越施工技术

旋转臂封网跨越施工技术是在被跨设施两侧搭设跨越架体，并在一侧架体的顶部沿平行于被跨设施方向安装两根水平臂，再通过架体顶部的旋转机构旋转水平臂至对侧的架体上预定位置，然后在水平臂间铺设封网，形成对被跨设施的保护。旋转臂封网能够实现快速封网，提高施工效率。

2."U型"封网跨越施工技术

"U型"封网跨越施工技术是对传统的无跨越架不停电（利用杆塔做支撑体）施工方法进行了改进，在铁塔上层横担（或地线横担）、临时横担处分别设置上、下承载索，并在承载索间安装绝缘杆或绝缘绳，形成侧面立网和底面封网，构成对牵引绳和导线的"U型"立体防护系统。防止临档或本档断线、跑线情况下，导线跳出保护范围，提高了施工安全性。

3."Y型"封网跨越施工技术

"Y型"封网跨越施工技术是在被跨设施两侧分别安装一根单立柱带双桁架臂的"Y型"构架作为临时架体，并在两架体中间敷设封顶网，以形成安全遮护通道的跨越施工技术。当事故工况下，导线发生脱落后，导线能够沿桁架臂向中心杆滑移，一方面有利于延长导线的冲击时间，另一方面使跨越架体受力尽量靠近立柱中心，提高了架体的抗冲击能力，有利于保障被跨设施的运行安全。

4."人字型"封网跨越施工技术

"人字型"封网跨越施工技术是利用"h"型组合式格构跨越架作为架体，然后在架体内侧安装竖直的升降导轨和倾斜的导向导轨，通过导向机构滑块在导轨内滑动，实现绝缘臂的提升和就位，形成对被跨设施的保护。"人字型"封网跨越施工技术采用绝缘材料形成硬封网，大幅提高了封网的安全可靠性；利用轻小型吊装设备（无需使用吊车），降低了被跨设施造成的安全风险等级；利用导轨实现了快速封网，减少高空作业。

附 录 A 手 续 办 理 相 关 文 件

A.1 跨越铁路征求意见函

关于征求×× 500kV/220kV 输变电工程线路工程跨越
××铁路意见的函

铁路主管部门：

为了满足××地区负荷发展的需要，缓解周边 500kV 变电站供电压力，加强×××地区的电力输入通道，完善 500kV 网架结构，提升 500kV 网架潮流转移能力，满足×××电厂接入的需求，我公司拟建设××—×× 500kV 线路工程。该线路工程由×××设计院进行勘测设计工作。

线路在××省××市××县境内跨越××高铁 1 次，跨越铁路具体情况如下：

该电力线路与××高铁交叉点于位于××市××县境内，采用"耐张塔—直线塔—耐张塔"独立耐张段跨越××高铁，三基铁塔塔型分别为 N30：5A2-J4-33，N31：5A2-ZBK-54，N31：5A2-J4-27。其中 N30—N31 段跨越高铁。跨越里程为 K371+737；与××高铁交叉角度为 75.8°；线路至接触网最小垂直距离为 12m（70℃弧垂时），线路至距轨顶最小垂直距离为 18.3m（70℃弧垂时）；N30、N31 铁塔全高分别为 47m 和 59.5m，铁塔外缘与铁路中心线的垂直距离分别为 133m 和 199m。

为使双方的设施配合得更科学、合理，请贵局尽快对该电力线路跨越铁路方案的意见以书面形式回复为盼。

联系人：

国网××电力公司××供电分公司　×××

××××设计院　×××

附件：跨越设计技术方案及图纸（另送）

国网××电力公司××供电分公司

年　　月　　日

A.2　跨越铁路第三方审核报告

××—××500kV 线路工程

跨越×××铁路（K×××+×××）×××站至×××站区间

施工图设计审核报告

编制单位：××××设计有限公司

负　责　人：＿＿＿＿＿＿＿＿＿

编　　　制：＿＿＿＿＿＿＿＿＿

审　　　核：＿＿＿＿＿＿＿＿＿

编制时间：＿＿＿＿年＿＿＿＿月

第一章 工程概况

    1.1 交叉点处铁路概况

    1.2 输电线设计概况

第二章 设计审核依据

    2.1 主要规定

    2.2 主要规范

    2.3 主要技术标准

    2.4 审核报告编制依据

第三章 审核内容、范围及过程

    3.1 审核内容

    3.2 审核范围

    3.3 审核过程

第四章 设计审核

    4.1 输电线路结构安全审核

    4.2 《××铁路局路外工程建设管理办法》技术要求

    4.3 《铁路技术管理规程》技术要求

第五章 总结论

第六章 附件及附图

A.3 跨越高速公路征求意见函

关于征求××—××双回500kV线路工程跨越
××高速路径意见的函

××省高速公路管理局：

　　国网××省电力公司拟建设××—××双回500kV线路工程，该工程由我单位建设管理，工程委托×××设计院进行勘测设计，××省××公司承担施工工作。由于线路路径在××省××地区跨越×××高速公路，为了使工程建设按计划进行，请贵公司尽快对线路跨越高速公路方案的意见以书面形式回复为盼。

　　××—××双回500kV线路工程与×××高速公路交叉点有1处：交叉点位于××市××区××侧，跨越里程为×× km+×× m，交叉角度××度××分，对××高速路面的跨越高度为×× m（70℃时最大弧垂），塔位中心距离高速护栏最小垂直距离为×× m。

　　具体说明及附图详见附件。

　　附件：1. ××—××双回500kV线路工程跨越高速公路技术方案说明

　　　　　2. ××—××双回500kV线路工程交叉跨越分图

　　　　　3. ××—××双回500kV线路工程路径图

　　　　　4. 省发改委立项批复

　　　　　5. 设计单位资质

　　联系人：

　　　　工程设计 ××

　　　　工程建设 ××

××××供电公司

年　　月　　日

A.4　施工单位跨越铁路征求意见函

关于申请办理×××kV线路工程跨越××铁路手续的函

×××铁路局：

根据××文件，批准新建×××kV输变电工程。

该工程的线路工程跨越铁路××线（里程碑××/××/××/处），现已在办理各项前期手续，需对上述铁路进行跨越架线，为保证被跨铁路的安全运行及施工安全，特提出跨越申请，以便在施工中顺利进行。特请予办理各种跨越的相关手续。

×××电力公司

年　　月　　日

A.5　施工安全协议

施 工 安 全 协 议

甲方：××××　铁路局

乙方：

乙方承建××××处，为确保行车既有设备的安全，经甲乙双方协商签订安全配合协议如下：

一、工程概况

施工项目：××××跨越铁路工程。

施工地点：××××线×××处

作业内容：搭设××、封网施工、N××—N××放紧线、拆除××、拆网施工。

地点及时间：××线，自××××年××月××日至××××年××月××日。

影响范围：××线。

二、施工责任地段和期限

施工责任地段：××线。

施工责任期限：××××年××月××日至××××年××月××日。

三、双方所遵循的技术标准、规程和规范

1. 甲、乙双方严格执行《技规》《行规》《站细》以及路局有关文件的规定，乙方施工人员必须经安全培训，合格后可作业。

2. 严格按照《营业线施工安全管理实施细则》中的有关规定。

3. 乙方必须在施工计划、施工电报下达的范围内进行施工，严禁超范围施工。

四、安全防范内容、措施及结合部安全分工（根据工点、专业实际情况，由双方制定具体条款）

1. 乙方按规定组织施工，乙方对施工人员必须进行安全相关知识培训，并经考试合格后方可进入铁路保护区作业。

2. 施工期间，施工单位委托××工务段防护，××工务段负责来车通报及配合单位的联系。

3. 严格落实停止作业避车制度，任何情况下不得影响车站的行车作业，当有列车开过来时，乙方必须停止施工。

4. 施工人员必须服从车站管理，坚持同去同归，走固定走行线路，不准穿越线路，进出站时必须挂牌（规定的标志）。

5. 施工用料、器具在任何情况下，不得侵入界限，不得影响行车作业，存放的用料必须距离线路3m以上并牢靠固定。

6. 乙方违反施工安全协议及有关规定时，甲方有权制止，由此产生延误工期等事宜，一律由乙方承担。

7. 施工原因造成一切行车事故、人身伤亡、设备损坏等情况，一律由乙方负责。

8. 乙方要加强施工管理，安排专职人员负责现场安全，所有施工人员、机械、车辆凭明显的标志进入站区并遵守安全协议及有关要求，服从甲方人员的管理，自觉维护站区秩序。

9. 乙方施工地段必须用专用防护网或挡墙围起，凡在施工期间在施工地段内出现路外铁路交通事故，一律由乙方负责。

五、违约责任和经济赔偿办法（包括发生铁路交通责任事故时双方所承担的法律责任）

乙方在施工过程中自觉接受甲方的监督，严格执行《营业线施工安全管理实施细则》，发生责任行车事故按路局有关文件执行，施工期间发生的安全问题及经济损失，均由乙方负担。

六、安全监督及配合费用

施工配合费用按照铁路主管部门有关规定办理。施工配合费××万元整。

七、其他有关事项

1. 未尽事宜、双方协商解决。

2. 本协议自双方签字盖章后起至××××年××月××日止有效。

3. 本协议一式肆份，甲方执贰份，乙方执贰份。

甲方： （章） 乙方： （章）

负责人： 负责人：

经办人： 经办人：

联系电话： 联系电话：

年 月 日

注：办理跨越铁路施工需签订施工安全配合协议时，应当按照铁路局的最新版签订。

A.6 施工配合监护协议

施工配合监护协议

甲方：

乙方：

乙方因承建×××××××××××××××××××送电线路工程，需跨越××线××处共计×处，拆除××线××处的架空线×处。为保证施工期间行车、铁路设备安全及施工单位在营业线施工的安全。结合工程项目建设的实际情况，就施工监护问题，经甲乙双方协商，签订协议如下：

一、工程概况

施工项目：×××××××××××××××××××送电线路工程

施工日期：××××年××月××日至××××年××月××日

施工地点：

影响范围：

二、施工责任地段和期限

乙方于：××××年××月××日至××××年××月×日跨越×××××，需甲方进行配合、监护。

甲方科室监护负责人：   联系电话：

甲方现场监护负责人：   联系电话：

乙方总负责：

乙方施工现场负责人：

三、双方所遵循的技术标准和规范

1. 甲乙双方根据《营业线施工及安全管理实施细则》文件中的有关规定，处理施工过程中出现的相关问题。

2. 甲乙双方应遵守《铁路技术管理规程》《铁路工务安全规则》，严格卡控，确保线路设备均衡稳定，线路畅通，行车安全。

3. 乙方在搭设假担横过铁路及牵引电力线过程中，必须在天窗点内进行，同时甲方设置好驻站及现场防护，插好停车牌，并严格按照施工方案施工。

4. 乙方在施工后必须及时地把施工场地清理干净，要达到《铁路修理规则》的规定标准，废弃物、材料等杂物须清出路基范围以外，经甲方验收合格后乙方方可撤除。

四、监护内容

1. 施工单位是否按方案进行跨越架和展放引导绳施工。

2. 每天是否有施工负责人在现场卡控、把关，是否在天窗点内施工，施工现场是否24h有人看守。

3. 现场施工是否存在违章违规现象，不听从指挥，冒险蛮干。

4. 大风天或大雨天，是否对防护架进行专人看守和制定有效的抢险预案。

5. 遇有5级以上大风，乙方严禁在甲方设备上方进行跨越施工。

五、监护措施

1. 乙方在正式施工72h前，必须与甲方（配合单位）进行联系，提出详细、具体的施工监护申请，其中包括施工时间、地点、作业内容、影响范围、现场负责人及其联系电话，并将施工监护申请传至（×××）。

2. 甲方根据乙方申请，安排监护人员到现场进行全过程监护。同时派出施工现场防护员和驻站防护员。

3. 甲方监护员上岗时应佩戴工务监护臂章（由乙方制作）、胸卡，携带工务施工监护记录本和《工务监护问题（处罚）通知单》，保证到岗到位，监护到位，精神状态良好。

4. 假担绝缘封网与线路钢轨顶面的最低弧垂距离不小于 12.5m。

5. 监护员对施工作业全过程监督检查，发现施工安全隐患，责令施工单位立即纠正，危及行车安全时有权责令其停止施工作业，必要时限速运行或拦停列车，并及时向上级部门报告。

6. 乙方施工人员、施工变化、临时施工作业时，要及时通知甲方派人到现场监护。甲方监护人员不到现场、乙方无现场负责人，严禁施工。

7. 施工单位对监护人员发现的问题和安全隐患不进行及时整改，一旦发生事故，乙方负全责。

8. 对施工单位存在不听从监护意见、不认真整改等问题，按照签订的安全抵押金协议，对施工单位发放《工务监护问题（处罚）通知单》，同时发放整改通知单，要求施工单位认真分析并写出整改措施。

9. 乙方现场派专人进行安全管理，做到标准化，规范化。在施工前按路局相关文件履行既有线施工手续。

10. 乙方在施工期间，对既有设备有看护责任，发现危险情况时，及时通知甲方，甲乙双方派人到现场及时进行处理。

六、未尽事宜，由甲乙双方协商解决

七、违约责任

乙方应严格遵守本协议条款，严格执行《营业线施工安全管理实施细则》《关于进一步规范营业线施工安全监控有关规定的通知》，由于乙方施工原因造成甲方定责事故或设备故障，赔偿甲方全部经济损失。

八、本协议一式陆份,甲、乙双方各执叁份,并经双方签字盖章及路局审批后生效,至工程竣工或协议到期后自行解除。

甲方: 乙方:

甲方代表签字: 乙方代表签字:

联系电话: 联系电话:

　年　　月　　日 　年　　月　　日

注:办理跨越铁路施工需签订施工配合监护协议时,应当按照铁路局的最新版签订。

A.7 施工安全监控方案

×××供电段上跨电力线
接触网专业施工安全监控方案

为进一步规范上跨电力线路施工监控管理,落实路局《关于规范建设及路外工程施工安全管理通知》《铁路营业线施工安全管理办法》《铁路主管部门路外工程管理办法》等文件要求,明确现场监控关键,确保各项施工安全有序进行,特研究制定本方案。

一、上跨电力线主要施工配合项目

××处新建上跨电力线路工程,施工内容:封网、拆网、跨越架组立、导地线架设等。

二、配合所遵循的技术标准、规程及文件

1. 《关于发布〈接触网安全工作规程〉和〈接触网运行检修规程〉的通知》

2. 《铁路主管部门供电系统营业线施工安全监控管理办法》

3. 《电气化铁路有关人员电气安全规则》

4. 《上跨铁路结构物管理办法（试行）》

5. 《铁路主管部门路外工程管理办法》

三、监控项点

1. 关键点监控

……

2. 检查施工人员资质培训情况

……

3. 把控施工方案审核

……

4. 《施工配合通知书》的审核

……

5. 施工技术交底会

……

四、其他要求

1. 施工防护控制

……

2. 监护人员设置

……

3. 巡视检查要求

……

4. 信息联系

……

5. 有权要求施工单位停工的项目

……

铁路主管部门×××供电段

年　　月　　日

A.8　车务段（车站）施工安全协议

××××年施工安全协议

甲方：

乙方：

根据路局施工计划安排，乙方在甲方管内进行电力线路上跨××××铁路施工作业，根据《营业线施工安全管理实施细则》及相关规定，经甲乙双方协商，签订施工安全配合协议如下：

一、工程概况

1. 施工项目：

2. 作业内容：

3. 施工地点：

4. 影响范围：

二、施工责任地段和期限

1. 施工责任地段：

2. 施工责任期限：

三、双方遵循的技术标准，规程和规范

......

四、安全防范内容、措施及结合部安全分工

......

五、双方的安全责任、权力和义务

......

六、违约责任和经济补偿办法

......

七、安全监督和配合

......

八、法律法规规定的其他内容

......

九、其他有关事项

1. 未尽事宜，双方协商解决。

2. 本协议一式肆份，甲乙双方各持贰份，盖章有效。

甲方：　　　　　　　　　　　　乙方：

负责人：　　　　　　　　　　　负责人：

经办人：　　　　　　　　　　　经办人：

联系电话：　　　　　　　　　　联系电话：

　年　　　月　　　日　　　　　年　　　月　　　日

　　注：办理跨越铁路施工与车务段（车站）签订施工安全协议时，应当按照铁路监理公司的最新版签订。

A.9 建设工程委托项目管理合同

建设工程委托项目管理合同

委 托 人（甲方）：

项目管理人（乙方）：

根据《中华人民共和国合同法》有关规定和××kV送电工程跨越××铁路工程相关文件、设计图纸，结合本工程具体情况，为保证本工程的施工质量和施工安全，经本合同双方协商同意，签定本合同。

第一条 工程概况

1. 工程名称：××kV送电工程跨越××铁路工程

　　工程地点：

2. 项目管理范围及内容：

按照国家及铁道行业规定的建设程序，乙方承担本工程铁路路内项目管理工作。

项目管理范围为对工程进行全过程协调，协调铁路路内单位的配合、监护工作，确保工程的顺利实施。

3. 开工日期：

　　竣工日期：

4. 质量等级：本工程的质量标准为全部工程达到铁路行业相关规范的合格标准。

第二条 委托人工作

1. 在开工前，将水准点与坐标控制点以书面形式交给项目管理人，并进行现场交验。

2. 负责本工程的监管工作。

3. 按本合同的约定拨付项目款。

4. 负责协调办理影响工程施工范围内的综合管线、道路绿化等地方产权项目的迁移改造等工作。

第三条 项目管理人工作

1. 项目管理人严格按照国家和铁道行业有关规定开展工作。

2. 办理开工报告及协助办理施工所需各种手续。

3. 负责审批有关单位上报的施工组织设计及施工方案，并对上述文件的执行情况进行监督、管理和控制。

4. 协调和组织各有关单位施工进度。

5. 采取有效措施按地方政府和有关部门对安全文明施工和环境保护有关规定进行管理。

6. 负责本工程的竣工验收、协助委托人向产权单位进行移交等工作。

第四条 进度计划

项目管理人应按委托人同意并经审批的"施工组织设计文件"和"施工综合进度计划"组织施工，工程实际进展与之不符时，应根据具体实际情况进行分析并提出改进措施。

第五条 合同价款及支付

本工程采用固定总价合同，双方约定的合同价格为人民币_____（大写¥_____元）。

甲方于本合同签订后将上述费用一次性拨付乙方。

第六条 保养

执行建设工程竣工验收规定、建设工程质量管理办法及铁路行业的相关规定。

第七条 违约责任

1. 由于委托人原因，未及时支付合同价款或其他违约，委托人每日按照合同价款的万分之一向项目管理人支付违约金。

2. 若项目管理人在责任期内如果发生违约，给委托人造成损失的，项目管理人每日按照合同价款的万分之一向委托人支付违约金。

第八条 争议

本合同履行中如发生争议，双方应协商解决。协商不成时，依法向_____法院提起诉讼。

第九条 履约期限

本合同签定之日起至本工程保修期完成。

第十条 其他约定事项

本合同未尽事宜，经合同双方共同协商，并签订补充协议，补充协议与合同具有同等效力。

第十一条 本合同自双方盖章之日起生效，一式陆份，其中正本贰份，双方各执壹份，副本肆份，双方各执贰份，具有同等法律效力。

本合同订立时间： 年 月 日 订立地点：

委托人： （盖章）

地址：

法定代表人或委托代理人：

电 话：

开户银行：

账 号：

邮政编码：

项目管理人：

地　址：

法定代表人或委托代理人：

电　话：

开户银行：

账　号：

邮政编码：

注：办理跨越铁路施工需签订建设工程委托项目管理合同时，应当按照铁路监理公司的最新版签订。

A.10　营业线施工审批表

××铁路局营业线施工审批表

施工项目	（明确工程属性（路内/路外）、类别、施工线别、地点、规模）	施工内容	（明确本次审批的施工内容）	
施工单位	（列出施工的公司（分公司）级单位，审查施组后盖章）	施工负责人职务/电话	（电话要求留项目经理手机号和工地座机号）	
影响范围	（明确线路区间、里程范围）	计划工期	年　月　日至　年　月　日	
配合监护单位	（××工务段）	配合监护内容		
	（××电务段）			
	（××铁通/通信段）			
	（××供电段/维管段）			
	（××车务段/车站）			

续表

建设单位意见及要求	（工程的建设单位或施工组织单位，组织各配合单位审查施组后盖章） 盖章　　　　签名：　　　　职务：		
基层管理单位意见	（××工务段） 盖章　　签名：　　职务：	路局主管部门意见	（工务处） 盖章　　签名：　　职务：
	（××电务段） 盖章　　签名：　　职务：		（电务处） 盖章　　签名：　　职务：
	（××铁通/通信段） 盖章　　签名：　　职务：		
	（××供电段/维管段） 盖章　　签名：　　职务：		（供电处） 盖章　　签名：　　职务：
	（××车务段或车站） 盖章　　签名：　　职务：		
路局项目管理部门 批准意见及要求	（路外工程为建设处或归口管理部门，基建工程为建设处，局内各系统涉及路基线路稳定的为工务处） 盖章　　　　签名：　　　　职务：		

说明：1. 严格按此表规格（A3纸）和要求填报，复杂工程可分次上报审批。

2. 办理审批时需带书面施工方案设计、施工组织设计和有关协议，施工方案设计、施工组织设计应经项目部上级单位工程、安监、物资等部（科）审核并经上级单位主管领导批准。必要时附电子版资料，电子版方案力求简洁明了，仅明确和铁路有关的内容。

3. 路局设备主管部门对涉及本专业的安全措施和施工方案负全责，审查留存施工单位与本系统基层站段签订的协议，可根据需要另附施工方案审查意见。

4. 路局批准部门根据各业务处室审查情况审批，并负责各专业结合部安全问题的协调，留存整套报批材料，对工程项目的安全负全责。

A.11 月度营业线施工计划

填写要求：

×× 月度施工计划格式

编号	施工等级	线路	行别	施工项目	施工日期	施工地点	封锁时间	施工内容及影响范围	限速及行车方式变化	设备变化	运输组织	施工单位及负责人	备注
						区间及起止里程	封锁起止时间（封锁时间时分钟）	施工内容影响范围	限速要求行车方式	线路数据变化：站场线路、道岔、径路变化：信号机位置变化及显示变化：接触网信号标志位置变化：其他变化：		主体施工单位（职务）（姓名）施工单位（职务）（姓名）	

注："编号"、"施工等级"、"线路"、"行别"、"施工项目"、"施工日期"、"施工地点"、"施工单位及负责人"栏由施工主体单位填写；"施工时间"、"限速及行车方式变化"、"施工内容及影响范围"由施工主体单位及配合单位共同填写；"设备变化"栏由施工主体单位及设备管理单位共同填写。

A.12 临近营业线监督施工计划

邻近营业线施工安全监督计划格式

编号	类别	线路	行别	施工项目	施工日期及时间	施工地点	施工内容（标明机械或施工处所至线路中心距离）	施工机械（标明施工机械高度）	建设单位（项目管理单位及联系人、手机号）	施工单位及负责人（单位名称、职务、姓名、手机号）	监理单位及负责人（单位名称、职务、姓名、手机号）	设备监护单位及负责人（单位名称、职务、姓名、手机号）	审核处至（涉及处室）	备注

施工单位：（签字盖章）
监理单位：（签字盖章）
项目管理单位：（签字盖章）
车务段：（签字盖章）
施工单位或项目管理单位经办人：（姓名、手机号）

工务段：（签字盖章）
供电段：（签字盖章）
电务段：（签字盖章）
通信段：（签字盖章）

工务处：（签字盖章）
供电处：（签字盖章）
电务处：（签字盖章）
建设处：（签字盖章）

A.13 施工配合通知单

施工配合作业通知单

单位		施工日期		施工地点	
施工内容、时间及影响范围： 施工单位：				负责人： 　年　月　日	
施工内容、时间及影响范围： 施工单位：				（工务专业）负责人： 　年　月　日	
车站意见： 施工单位：				车站　负责人： 　年　月　日	
备注：					

A.14 行政许可申请书

行政许可申请书

编号：

××省高速公路管理局：

我（单位）现向××省高速公路管理局申请××××工程跨越××××高速（里程）的行政许可，并提交如下申请材料：

1. 建设单位法人证书复印件（营业执照）。

2. 工程核准批复文件。

3. 施工单位营业执照、资质证书、安全生产许可证、法定代表人身份证复印件。

4. 业主授权委托书代理人身份证复印件。

5. 施工图纸、施工组织方案及安全保障措施。

6. 保障公路、公路附属设施质量与安全的技术评价报告。

申请人承诺：以上提交材料真实合法有效。

请依法审查并予以批准。

行政许可申请人名称：（业主单位）

委托代理人姓名：　　　　　　　　联系方式：

法定代表人/身份证号码：

工作单位：（业主单位）　　　　　　电话：

地址：　　　　　　　　　　　　　　邮编：

注：本申请书一式贰份，申请人、受理机关各存壹份。

A. 15　高速公路管理局复函

××省高速公路管理局

××高函养〔××〕××号

××省高速公路管理局关于××工程路径及设计方案的复函

国网××供电分公司：

你单位《关于征求×××函》，该线路工程跨越我局××处，根据交叉现场查勘情况和相关规范要求，复函如下：

跨越点：原则同意该线路在××高速公路（里程）上跨，交叉角度××，导线在气温 70℃是最低点与××高速公路路面的垂直距离为××m，电力线路的铁塔中心距离高速公路隔离栅的垂直距离为××m，且铁塔外缘距离高速公路隔离栅的最近水平距离大于塔高。

线路跨越高速公路的其他配套设施不得侵入××高速公路加宽后双向 10 车道，不得妨碍公路交通安全，损害公路设施，也不得对公路及其他设施形成潜在威胁。

在高速公路改扩建期间应满足改扩建要求，高速公路改扩建影响到电力线路结构改变或位置迁移，其费用由贵单位承担。

施工前需向我单位路政部门办理行政许可手续。

本函有效期为一年。

××省高速管理局

年　月　日

A.16 授权委托书

授 权 委 托 书

（法人或其他组织当事人委托代理人用）

委托单位	名称		业主单位			
	地址					
	法定代表人或主要负责人	姓名		年龄		性别
		职务	总经理	电话		
受委托人	姓名			年龄		性别
	住址			身份证号		
	职务			电话		
	工作单位					
委托事项及权限	委托_____全权代理我单位办理 ×××××线路工程跨越×××高速公路（里程许可申请事宜。					
备注	以上内容真实有效，否则，委托单位自愿承担一切法律责任。 法定代表人或主要负责人（签字） 年 月 日					

A.17 承诺书

承 诺 书

××省高速公路管理局路政总队××支队：

我公司承诺：

    1. 我公司提供的申请资料真实、有效、无误。

    2. 我公司遵守并履行有关协议内容。

    3. 按期施工。

    4. 按规定缴纳有关费用。

    5. 工程施工能够保障高速公路安全和畅通。

业主单位

年 月 日

A.18　**质量安全技术评价报告**（本报告为外部单位出版）

××××工程跨越×××高速公路（里程）

施工组织方案及安全保障措施

质量安全技术评价报告

×××设计院

年　　月

目　录

A.19　现场勘查报告

现 场 勘 验 报 告

××省高速公路管理局路政总队××支队：

　　××年××月××日我路政大队指派执法人员××和××对××工程跨越××高速工程进行了现场勘验，勘验结果如下：

　　该线路在××××高速（里程），交叉角为××，电力线路的铁塔中心距离高速栅的垂直距离为××m，且铁塔外缘距离高速公路隔离栅最近水平距离大于塔高，此次勘验范围为××用地。

现场勘验人：

大队负责人：

××××支队

年　　月　　日

A.20 行政许可审批单

××省高速公路管理局行政许可事项资料审查及
签订行政许可协议审批单

拟签订协议							
签约单位							
协议内容简要说明							
经办科室	路政总队内业执法科	经办人		前期审核		审核人	
路政总队办公室意见							
路政总队分管领导意见							
路政总队总队长意见							
局养护管理部意见							
局领导意见							
备注	协议一式肆份，资料附后						

A.21 跨越高速公路协议

××××输电线路工程跨越××高速公路 K 的协议

甲方：××省高速公路管理局

乙方：国网××省电力公司××供电分公司

乙方申请其内××××工程施工，根据《中华人民共和国行政许可法》《中华人民共和国公路法》《公路安全保护条例》《路政管理规定》《××省公路路政管理规定》等法律法规规章有关规定，经双方协商，达成如下协议，以资遵守：

一、工程项目名称及内容简况

（一）工程项目名称：

（二）工程内容简况：

二、输电线路工程施工过程中双方的权利、义务及责任

（一）乙方在施工过程中，采用的作业方式、方法、手段及所架设的输电线路都应当符合公路工程技术标准。甲方负责依法审批，签发施工许可证。乙方拿到甲方签发的施工许可证后方能组织施工。

（二）乙方在施工期间应严格落实施工安全保障措施，严格遵守《公路养护安全作业规程》及甲方的《高速公路施工安全管理规定》《施工组织方案及安全保障措施》《施工组织方案及安全保障措施》的要求，确保高速公路的完好、安全和畅通。由甲方的路政总队××支队与乙方的施工单位签订施工安全协议，乙方必须配合并协助甲方的路政总队××支队对跨越施工现场依法履行监管职责。对乙方违反施工安全要求影响高速公路安全的行为，经甲方的××省高速公路××管理处、路政总队××支队提出整改，乙方应立即整改。否则，××省高速公路××管理处、路政总队××支队有权责令乙方停止施工。

（三）乙方应有针对性的预防由跨越施工引起的交通安全责任事故和公路、公路附属设施受损坏的安全责任事故。由于乙方措施不力导致的交通意外或高速公路受损等安全事故，乙方应第一时间采取补救措施并及时履行相应的赔偿或恢复、修复等义务，并对事故所引发的一切不良后果承担一切责任。

（四）乙方自愿承担由于其输电线路跨越××高速公路项目直接或间接给××高速公路内的任意相对人所造成的人身、财产和名誉损害等一切不良后果。由于自然因素或其他不可抗力对乙方输电线路跨越××高速公路项目造成的损害与甲方无关，甲方亦不承担任何责任。

因乙方在施工期间对××高速公路路基、路面及其他设施损坏的，乙方应按照实际损坏及修复费用予以赔偿。

（五）乙方承诺其输电线路跨越施工不妨碍高速公路内光缆、电缆、广告等设施的正常运行，否则一切后果由乙方承担。

（六）跨越施工前，乙方及其施工单位应与××省高速公路××管理处签订施工监管协议。

（七）施工期间，甲方的××省高速公路××管理处、路政总队××支队派专人对施工现场进行监督检查，乙方随时接受以上单位和人员的监督检查并服从指挥。

（八）施工完毕后，乙方应将施工现场清理干净。如不及时清理施工物品及垃圾，造成××高速公路及其公路使用者及第三人人身、财产损失的，乙方自愿承担民事赔偿责任。

三、安全保障措施与验收

（一）乙方承诺其输电线路工程的施工及管理符合保障高速公路及其附属设施质量和安全的要求，强化安全防护措施并落实到位。

（二）施工期间乙方负责落实保障公路、公路附属设施质量和安全的防护措施。

（三）施工过程中，乙方及其施工单位要在××高速公路路面设置规范、完整、醒目的安全标志。

（四）因乙方施工安全措施落实不到位，给××高速公路及其使用者、第三人造成人身损害和财产损失的，乙方应承担一切赔偿责任。

（五）输电线路施工完毕，乙方应邀请甲方的××省高速公路××管理处、路政总队××支队对高速公路、公路附属设施是否达到规定的技术标准以及施工是否符合保障公路、公路附属设施质量和安全的要求进行验收。

四、输电线路项目运营过程中双方的权利、义务及责任

（一）乙方对其跨越××高速公路的输电线路应进行定期检修和维护，确保技术及安全状态始终良好。在进行输电线路检修或维护时确须占用公路、公路用地，乙方应向甲方申请办理施工手续，并接受甲方的××省高速公路××管理处、路政总队××支队的监督检查。

（二）乙方应采取相应的技术手段和完善的安全保障措施保障输电线路运行期间××高速公路的安全畅通，尤其是要防止输电线路的短路、掉落、脱落、折断、低垂等情况发生，如遇紧急情况特别是影响高速公路通行安全的情况，乙方应立即通知甲方的××省高速公路××管理处或路政总队××支队，并尽快采取补救措施。

（三）乙方应将输电线路跨越高速公路地点作为日常监控的重点部位，一旦发现乙方输电线路运行影响××高速公路安全、稳定的情况，应及时履行告知义务，乙方应及时采取相应处置措施，确保高速公路安全畅通。

（四）乙方自愿承担其架设的输电线路直接或间接给任意相对人所造成的人身、财产和名誉损害等一切不良后果。由于自然因素或其它不可抗力对乙方所架设输电线路造成的损害与甲方无关，甲方亦不承担任何责任。

乙方输电线路运行期间对××高速公路所造成的一切损坏，乙方应及时恢复原状或按照实际损失及修复费用予以赔偿。

（五）乙方承诺其输电线路运行不妨碍××高速公路内光缆、电缆、广告等设施的正常运行，否则一切后果由乙方承担。

（六）乙方承诺其输电线路不影响××高速公路的改扩建。如乙方输电线路对××高速公路的改扩建造成影响，乙方应无条件进行拆除或改线，费用自负。

如遇甲方新建的高速公路与乙方的输电线路发生交叉施工时，乙方应给予积极的支持与配合。

五、其他

（一）甲、乙双方违反本协议者，违约方承担由此引起的一切法律后果及一切经济责任。

（二）本协议对马工程项目的资产所有者和管理者及乙方权利义务责任的继承者依然具有法律约束力。

（三）甲、乙双方必须严格履行本协议内容，其他未尽事宜，由双方协商解决。本协议一式肆份，甲乙双方各执贰份，自双方签字（单位负责人签姓名）盖章（加盖单位行政章）之日起生效。

甲方：（盖章）　　　　　　　　　　　乙方：（盖章）

负责人签字：　　　　　　　　　　　　负责人签字：

年　　月　　日　　　　　　　　　　　年　　月　　日

A.22 施工安全保畅协议书

××省高速公路路政总队××支队
施工安全保畅协议书

甲方：××省高速公路路政总队××支队

乙方：××省××公司

乙方申请其××××（工程名称加跨越高速名称里程）项目行政许可已经审批，为了保障××××（工程名称加跨越高速名称里程）项目施工的交通安全畅通，维护好施工作业秩序，根据《中华人民共和国公路法》《中华人民共和国道路交通安全法》《公路养护安全作业规程》及《××省高速公路施工安全管理规定》，现与施工方就高速公路施工安全保畅一事达成如下协议：

一、工程项目名称及工程概况

（一）工程项目名称：

（二）工程概况：

二、工程施工过程中双方的权利、义务及责任

1. 乙方在施工过程中，采用的作业方式、方法手段及架设线路应当符合公路工程技术标准要求，经甲方验收合格后方可施工。具体跨越位置应按照施工许可证上的位置进行施工。

2. 乙方施工期间应严格落实安全保障措施，严格遵守《公路养护安全作业规程》的要求，并配合甲方对跨越施工现场依法履行的监管职责，对乙方违反施工安全要求影响高速公路安全的行为，经甲方路政队员提出，乙方必须立即整改，否则甲方有权责令乙方停止施工。

3. 施工期间由于乙方措施不力导致的交通意外给高速公路任意相对人造成的人身、财产损害事故，乙方应及时采取补救措施并及时履行相应的赔偿义务，并对事故所引发的一切不良后果承担全部责任。乙方施工期间对××高速公路所造成的一切损害应及时恢复原状或按照标准予以赔偿。

4. 乙方施工期间，甲方派路政人员对施工现场进行监督检查，乙方随时接受甲方路政人员的监督检查并服从指挥。

5. 施工路段车流量增大造成拥堵时，或施工现场发生事故，乙方现场安全员要立即向甲方通报，同时提前采取措施进行疏导。甲方要立即赶到现场进行疏导，必要时甲方可以暂停乙方的施工作业，提高施工路段的车辆通行能力。

6. 乙方施工完毕，应将施工所用的一切设施、设备及所剩物料或废料清理干净，严禁随意丢弃或倾倒。

三、乙方跨越××××高速公路工程项目在使用过程中双方的权利、义务及责任

1. 乙方对其跨越××高速的架空线路应进行定期检修和维护，使其技术和安全状态始终良好，乙方在检修和维护时须占用公路、公路用地的，应办理审批手续。

2. 乙方应采取相应的技术手段和完善的安全保障措施，保障线路运行期间××高速公路的安全畅通，如遇影响高速公路安全的情况双方应及时互相告知，并采取相应措施和启动应急预案。

四、其他

1. 乙方在施工期间，甲方派路政人员进行监护的，按监护时间收取一定的监护费用。

2. 乙方要严格执行本协议规定内容，甲方要加强监督检查。

3. 本协议一式肆份，甲方壹份，乙方叁份。本协议双方签字后即为生效。

甲　方：　　　　　　　　　　　　乙　方：

代表人：　　　　　　　　　　　　代表人：

联系电话：　　　　　　　　　　　联系电话：

年　　月　　日　　　　　　　　　年　　月　　日

A.23　施工安全管理协议

高速公路施工安全管理协议

为加强××省高速公路路政总队××支队施工管理工作，维护高速公路施工秩序，保障施工人员人身安全，保护高速公路的完好、安全和畅通，××路政大队（简称甲方）对施工单位（简称乙方）提出以下要求：

1. 乙方在甲方管辖范围内进行施工的，必须在施工前一日持××省高速公路路政总队颁发的《施工许可证》及有关证明资料到×××支队以及甲方办理施工登记，并签订本协议。

2. 乙方应指定施工负责人，接受甲方安全教育。上路施工前，乙方安全员必须对施工人员进行高速公路施工安全常识教育。

3. 上路施工时，施工人员必须着施工标志服，施工车辆设备后部喷涂或悬挂警示文字，路上进行区段施工的必须按照《××省高速公路施工安全管理规定（暂行）》中有关规定摆放交通标志。

4. 乙方在高速公路上施工，严禁施工车辆逆行，施工人员不得在作业区外活动，不得随意横穿公路，严禁向通行车道上扔弃杂物。

5. 未经甲方批准，严禁施工单位擅自拆除移动公路防护设施或公路标志。

6. 甲方对施工单位加强监督检查，对违规违章的，要责令整改，对严重违章影响公路交通安全的或不服从管理的，甲方有权予以处罚或责令乙方停止施工。如因乙方违章作业发生安全事故，甲方不承担任何法律责任，乙方要承担因违章作业造成的相关事故责任和相应损失。

7. 乙方每班施工作业完毕后，应清理好施工现场，工程施工完毕的，要及时通知甲方共同对施工现场检查验收。

8. 乙方施工期间无违章违约现象，未导致发生责任事故或未造成路产损失，甲方将施工押金全额退还乙方。

9. 本协议一式贰份，甲乙双方各持壹份，经双方签字或盖章后生效。

甲　方：　　　　　　　　　　乙　方：

代表人：　　　　　　　　　　代表人：

联系电话：　　　　　　　　　联系电话：

年　　月　　日　　　　　　　年　　月　　日

A.24 施工许可证

××省高速公路管理局施工许可证

××高路政许　　字××交通〔　　〕　　号

建设单位	（业主单位）	联系人		电话	
		负责人		电话	
工程名称	工程内容			备注	建设单位及其委托的施工单位必须严格履行已签订协议条款内容，拒不履行的，路政机构可责令其整改，整改无效的，许可证自动无效
施工地点		施工时间			
主管部门意见	同意施工 　　　　　　　　　　　　　　　　年　　月　　日				
注意事项	1. 建设单位、施工单位应当保护高速公路、高速公路用地及高速公路设施不受损害，如因施工造成的路产损失，建设单位、施工单位依法赔偿。 2. 施工前必须向＿＿＿＿＿＿支队提出申报，并接受该路段路政人员监督检查，必须合理安排施工，尽量压缩施工时间，遇有特殊情况，施工单位要听从路政人员的安排，施工期间，施工单位应遵守作业规范，安全文明施工，如因施工造成第三人的损失，施工方自愿承担一切责任。 3. 施工完毕后，施工单位应及时清扫现场，如不及时清理造成第三者损失的，施工单位自愿承担民事责任，施工完毕报施工路段路政执法大队检验合格后，缴销许可证，超过审批施工时间本许可证自动失效。				

备注：第一联存档　　　　第二联交＿＿＿＿＿＿支队　　　第三联交建设单位

A.25　跨越高速公路开工令

开　工　令

　　经审核，你单位已办理编号为：　　　　　　　　的《施工许可证》，施工方案合理，施工安全防范措施符合《××省高速公路安全管理规定（暂行）》的要求，已签订施工安全协议，你单位可按照《施工许可证》规定的时间、位置开始进行施工。

大队长签字
盖章
年　月　日

告知事项	1. 必须严格按照《××省高速公路安全管理规定（暂行）》的要求摆放施工安全标志后，方可开始施工。 2. 施工人员必须穿着施工安全标志服、佩戴上岗证，施工车辆尾部必须挂有移动性标志和限速标志。 3. 各施工现场必须持有《施工许可证》和《开工令》复印件，配置施工安全管理员。 4. 若因施工要求，需要移动公路附属设施的，必须向我路政大队提出申请，同意后方可进行。 5. 因各种因素造成施工延期的，必须到××省高速公路管理总队续办《施工许可证》。 6. 我路政大队将对施工现场进行监督检查，发现问题按《××省高速公路安全管理规定（暂行）》以及相关法律、法规对你单位进行处理。 7. 要规范施工，造成与施工无关的路产污染损坏的，由你单位负责恢复原状或者按照原价标准予以赔偿。